ストレスと適応障害 つらい時期を乗り越える技術

掌控
情绪

[日]冈田尊司_著
刘善钰_译

中国友谊出版公司

图书在版编目（CIP）数据

掌控情绪 /（日）冈田尊司著；刘善钰译. --北京：中国友谊出版公司，2021.2

ISBN 978-7-5057-5100-2

Ⅰ. ①掌… Ⅱ. ①冈… ②刘… Ⅲ. ①情绪–自我控制–通俗读物 Ⅳ. ①B842.6-49

中国版本图书馆CIP数据核字（2021）第015646号

著作权合同登记号　图字：01-2021-0976

书名　掌控情绪
作者　〔日〕冈田尊司
译者　刘善钰
出版　中国友谊出版公司
发行　中国友谊出版公司
经销　新华书店
印刷　三河市冀华印务有限公司
规格　700×980毫米　16开
　　　　13.25印张　200千字
版次　2021年6月第1版
印次　2021年6月第1次印刷
书号　ISBN 978-7-5057-5100-2
定价　45.00元
地址　北京市朝阳区西坝河南里17号楼
邮编　100028
电话　（010）64678009

如发现图书质量问题，可联系调换。质量投诉电话：010-82069336

目 录

第6章　走出成长困境

第7章　突破职场瓶颈

第8章　在家庭危机中自我进化

第9章　面对挫败，如何锤炼心性

第10章　掌控情绪的终极方法

序 章

当你快坚持不下去时

人都是在不断地承受着压力，同时人也具备一定的抗压能力。

适度的压力是一种很好的刺激，有助于增进活力、施展才能。

但并非所有压力都是令人愉悦的。如果压力超出我们的承受范围并突破了极限，就会出现一些状况，其中最常见的是“适应障碍”。

适应障碍，是由于不能很好地适应环境而产生的心因性障碍，多表现为忧郁、不安、无欲、丧失自信心以及相关的不良躯体症状。例如，有的人会变得焦躁易怒，有的人则出现沉迷成瘾行为。环境和生活方式的变化，负担和责任的增加，挫折、失败、批评等负面经历以及被他人孤立等情况，往往是触发适应障碍的主要因素。

总的来说，失去立足之地，自尊受到伤害，都会让人心力交瘁。如果尚处在适应障碍的阶段，那么人还具有一定的恢复力，只要离开造成适应障碍的环境，或者减轻自身的压力，就能很快恢复。这是一个很显著的特征。

从这一点看，适应障碍有时也会被误解为“惰性”，而不是“真正的病”。

但是，这跟“骨头断了是病，要治；骨头变形不是病，还可以忍一忍”是同样的情况。忍着忍着，骨头极有可能“咔嚓”一下断了，再也无法恢复如前。所以，在早期阶段及时采取适当的应对措施是非常重要的。

有人说，抑郁症是心灵患上了“感冒”。但真正的抑郁症，其实相当于“肺炎”“结核病”等重症，远比“感冒”严重。适应障碍才更像心灵患上了“感冒”，如果应对得当，就能很快治愈；如果拖延不管，就会变得相当棘手。因此，处理方式也很重要。

适应障碍并不仅仅发生在适应能力差的人身上，相反，那些被视为乐观向上、适应能力较强的人，也有可能患上适应障碍。因为适应力和忍耐力较强的人在苛刻的环境下也坚信“自己能够承受”，所以会不甘示弱、咬紧牙关，想方设法地努力克服。最终或许能成功克服，但也可能超出极限、无法承受。

从这个意义上讲，适应障碍所导致的一系列症状，其实是事情进展不顺时的一种紧急求救信号——“自己快要坚持不下去了”。如果能在早期阶段察觉到这一信号，并采取适当的措施和对策，就可以防止自己陷入不可逆转的状态。

什么是新型抑郁症

适应障碍可能发生在任何年龄段的人群身上。由于患者情况各异、压力类型不同，适应障碍往往被看作完全不同的病症，甚至被赋予不同的病名。

譬如，之前不尿床的孩子开始尿床了，或者孩子突然讨厌去幼儿园或托儿所，这些有可能就是环境压力引起的。根据症状表现，此类现象往往被命名为“夜尿症”“上学厌恶症”。实际上，这是孩子感受到了来自环境的压力之后发出的信号。这个信号就是尿床，或者厌恶上学。

日常生活中，我们常常遇到有些上中小学的孩子，随着年龄的增长，出现早上起床困难、常常请病假、本来喜欢的兴趣班和课外活动也不愿参加等问题。这类情况多半与适应障碍有关。也就是说，孩子不能好好地适应环境，导致原本能够轻易做到的事情如今变得困难起来。

适应障碍的常见表现为：以前能轻松完成的事情现在变得令人痛苦不堪，甚至做不到、完不成。

随着年龄的增长，有人好不容易考上了高中或大学，突然不愿意去上学了，整天闷闷不乐地待在家里。另外，有些年轻人意气风发地进入公司就职，却从某个时期开始渐渐失去了干劲，觉得上班是件超级麻烦的事情，最终选择不去上班。

这样的情况多被诊断为“抑郁症”。但真正的抑郁症，会伴随体重下降、行动迟缓、表情呆滞等症状。最近还多了一种被称为“新型抑郁症”的病症，主要表现是患者不愿上班，除此之外，做其他的事情都精力充沛。其实，像这样的状态应当被认定为“适应障碍”，而不是“抑郁症”。

适应障碍与抑郁症的最大差别在于，如果压力得到消除，适应障碍患者就会恢复健康；而抑郁症是不管有无触发契机，都需要一定的时间恢复，即使事情解决了，压力消除了，也不会很快恢复。年龄越大，恢复所需的时间越长。

适应障碍的情况则完全不同。那些不愿上学或上班、待在家里闷闷不乐甚至都不想起床的人，只要能从学校或公司解脱出来，就好像换了一个人似的，马上变得生气勃勃。一旦下决心离开不适合自己的学校或公司，人立马变得心情舒畅，开始朝着新的人生目标行动，这样的情况屡见不鲜。

积极探索生活的意义

因患者的年龄分布、所处环境、适应能力以及具体行为方式等存在差异，适应障碍的症状也会有所不同。

婴幼儿时期，孩子首先容易表现为哭闹或做出让人困扰的举动。虽然这让周围的大人感到烦闷，但真正感到为难的却是孩子，因为他们不能很好地用语言表达自己，只能付诸行动，故而常常做出自残、破坏物品、欺负弱小等过激的异常举动。

从青春期到青年期，适应障碍的症状更加明显，患者常会出现忧郁和焦虑等症状。然而，由于这是一个充满活力的时期，我们通常很难注意到这些症状，注意力往往集中在他们的行为举止上。适应障碍患者的行为举止问题，最初常见的有旷课逃学、不去上学、不想学习、早上无法起床、经常请假等。有些程度严重的，会出现叛逆、焦躁、家庭暴力甚至不正当行为。另外，有些人为了逃离失去立足之地的状况，甚至会出现自我伤害、离家出走等行为，依赖药物或依赖他人的情况也较为常见。

到了成年期，我们能够清楚地分辨忧郁和焦虑的症状。有很多人被诊断为“抑郁症”或“焦虑症”。然而，有些人可能不会注意到自己精神反常，反倒是先察觉到身体的不适。不论是否能自我察觉，丧失自信和热情这一点是共通的。上班变成了一种煎熬。请假次数增多，有时甚至完全没法正常工作。但是，一到假日就心情愉快，做自己喜欢的事情时特别有劲头。很多人为了排解压力，会变得脾气暴躁、咄咄逼人，另外还可能染上酗酒、赌博、沉迷游戏等不良嗜好。长此以往，他们会越来越逃避现实，陷入恶性循环。

老年人的适应障碍也很常见。到了老年阶段，人的适应能力和抗压能力逐渐衰弱，环境的细微变化也会让老年人变得脆弱。这个年龄段的人，不光难以适应新鲜事物，还非常容易失去一些重要的人，例如失去相伴多年的老伴儿。“丧偶”是适应障碍发病的重要原因之一，由此发展到抑郁症的人也不在少数。当面临退休、丧偶或搬迁等重大环境变化时，人们有必要加强彼此的支持和联系，并积极探索新的生活意义。

找回属于自己的价值

在我们身边，适应障碍存在着许多种状态。所谓的“抑郁症”，其实相当一部分是适应障碍。最近流行的“新型抑郁症”也属于适应障碍。市面上有关抑郁症或是焦虑症的书籍很多，却鲜见介绍适应障碍的书籍（实际上，关于适应障碍的专业著作几乎没有）。对于适应障碍的理解，甚至连专家的解释都含糊得令人吃惊。

真正的抑郁症（典型抑郁症）与伴随着适应障碍的抑郁状态，这二者的应对方式理应不同，但即使是专家，也经常将它们混为一谈。

长期以来，人们普遍认为，接触抑郁症患者不应用“鼓励”的方式，但这未必适用于治疗适应障碍，甚至有可能会使事态陷入僵局。适应障碍不是单纯的疾病，而是个体无法在现实社会环境中找到立足之处、存在价值未能得到他人认可的时候所产生的一种表现，属于一种社会心理障碍。

不是说只要医生开药，病情就一定会好转。仅仅开出治疗抑郁症的药物，对情况的改善并没多大作用。适应障碍患者真正需要的是社会心理学的干预治疗，帮助他们找回属于自己的立足之地和存在价值。

通常情况下，传统的医生并不擅长处理这样的情况，因此往往将其视为“疾病”来“治疗”。

但问题的起因多半并非个人的内在原因，而是人所身处的外在环境以及人与环境的关系，所以无论怎么用药“治疗”，也不会有什么成效。哪怕叫来抑郁症权威专家问诊，病情也不会好转。

正是因为这样，适应障碍一直被人忽视。

因此，本书针对普通人身边存在的问题——压力与适应障碍，进行通俗易懂的解说。从基础性的病理开始谈起，针对学校和职场等各种场合的适应障碍，列举具体的事例来加深理解，广泛地采用名人、伟人事例以增强阅读的趣味性。

度过充实的一生

最近，“发育障碍”这个词被广泛提及，不仅仅是小孩，成年人患上“发育障碍”的概率也在上升。细致观察便会发现，发育障碍患者存在某些成长发育问题，这使得其与周围的陌生环境或不能发挥其个性的环境之间产生了不和，继而引发适应障碍。

一个人如果存在成长发育方面的问题，确实很容易患上适应障碍。不过也有不少个例显示，哪怕在自身成长发育的过程中存在问题，却没有产生适应障碍，最终能度过充实的一生。所以说，一个人应该在符合自身特性的环境中过着与自身节奏相吻合的生活，这一点是非常重要的。

最近，依恋问题重新受到世人关注，与发育问题相提并论。发育障碍主要受遗传等与生俱来的因素影响，而依恋则多半与幼年时期朝夕相处的养育者密切相关。科学已经证明，依恋方式稳定的人，整体的人际关系都很稳定，抗压力也很强。比起成长发育问题，依恋方式的稳定性更能影响一个人对社会的适应能力。

发育障碍问题受遗传因素的影响很大，我们不能立刻改变；但依恋方式则多是受后天因素影响，在关系方式和生活方式上有很大的变化余地。在这个意义上，可以说对于依恋的认识也是非常重要的。

但是，到目前为止，关于依恋方式与压力和适应障碍之间的关系仍很少被关注到。因此，本书也将尝试从依恋角度去思考压力，从而找出克服适应障碍的方法。

主要由先天遗传因素形成的发育特性和由后天养育因素形成的依恋方式，这两者相结合再分化，继而形成了人的个性（人格）。

不稳定的依恋方式以及成长发育问题都是产生个性失衡的原因。个性失衡过度会给生活带来困难，甚至会发展到人格障碍（人格缺陷）的地步。

有人格障碍的人，一般都难以适应周围的环境。如果其本人和周围的人都能理解这一点并能相互妥协、让步，摩擦就可以避免。但如果彼此仍然坚持自己的做派，那么这个人便会越来越难以适应环境。

本书不仅会论述上文提及的压力与适应障碍，也会就依恋方式、发育问题、人格障碍这几个根本性问题，从不同角度分析哪种情况下易产生压力、引发适应障碍，并进一步论述如何预防适应障碍、应该从什么角度密切关注，从而达到改善现状的目的。

本书的第二大目的，便是从环境压力与个性间的相互作用这一角度去把握并具体描述适应障碍，为抑郁症、神经衰弱以及饱受心身疾病困扰的人提供在家庭或校园里改善病情的方法，也为职场心理健康与劳务管理提供较为有用的、目前还不太为人所知的经验。

本书的第三大目的，是想向大家传授一些技巧、秘诀，即关于克服人活着必定会遭遇到的各式压力、考验和困境的技巧，以及有关精神医学与临床心理学总结出的秘诀。

实际上，这是一个深远的话题，涉及的内容非常丰富。因此，本书只集中论述多数人感到迷茫、痛苦的三个问题：

第一，当你遇到人格分裂般的困惑与纠葛时，该如何决断？

第二，当你遇到无可奈何的问题时，该如何应对解决？

第三，当你承受压力、遇到挫折、遭受排挤的时候，该如何避免患上抑郁症？

本书所要传授的，正是处在以上情况下能马上派上用场的经验。

我衷心地希望能够帮助各位读者改进生活方式和思维方式，充分实现个人价值。

第 1 章

永远不向压力低头

压力是一种威胁，如果应对方法不正确，就会危及我们的生命。但是，要想在现代社会中生存下去，我们就不能畏惧压力。现代社会要求我们学会积极地面对压力。那么，如何才能不被压力打垮，在当今这个充满压力的社会中生存下去呢?

本章将会介绍压力引起的种种障碍，同时论述如何预防压力带来的危害、如何克服压力过大而导致的病态等实践性问题。

千万别小看压力

关于生物适应环境的医学研究，始于19世纪。法国生理学家克洛德·贝尔纳被誉为“实验医学奠基人”，他用实验的方法查明了适应的生理性作用机理。贝尔纳将环境分为“外环境”与“内环境”，他认为生物生存在它所习惯的外环境中，而生物体内的各种组织则存在于生物的内环境中。内环境的稳定是生命存在的前提；内环境要同外环境保持平衡，否则生命现象就会发生紊乱。

美国生理学家沃尔特·坎农进一步发展了贝尔纳提出的“内环境”概念。坎农导入了“体内平衡”（内环境稳定）这一概念，认为通过细胞、内分泌系统、自主神经系统这三者的相互作用，可以实现生物的体内平衡，并认为压力可以破坏体内平衡。最先使用“压力”一词的正是坎农。坎农还认为当人体承受压力时，会出现一种“应激反应”以应对紧急情况。

从生理学角度解释了坎农的“压力”以及与之相对应的“应激反

应”作用机理的，是曾在加拿大麦吉尔大学和蒙特利尔大学做过科学研究的匈牙利籍生理学家汉斯·塞利。“二战”前后，像塞利这样的移民研究者在加拿大做出了非常多的研究贡献。

塞利经过反复大规模的动物实验后，发现无论是何种压力，都会产生相同的反应（压力反应）。造成压力反应的主要原因（刺激物）被称作应激源（压力源），应激源可以分为物理性应激源、化学性应激源、生物学性应激源以及精神性（社会心理性）应激源四大类。但是，不论是像严寒酷暑和噪声这类物理性压力，抑或低氧和酸性环境这类化学性压力，或者像感染疾病这类生物学性压力，还有诸如孤独和不安这类精神性压力，都会引起相同的压力反应。即出现发烧、食欲不振、体重下降、腹泻或便秘等症状，解剖后均发现肾上腺皮质肥大、胸腺及脾脏萎缩、胃及十二指肠溃疡或出血。塞利把这些症状称作“一般性适应综合征”（压力状态）。

塞利把压力反应分为三个阶段。最初的阶段被称作“警觉反应阶段”，即机体在感受到压力后立即出现压力反应的阶段。警觉反应阶段又可分成“休克期”和“反休克期”。休克期指面对压力刺激时不知所措、无法应对的阶段，表现为机体机能瞬间低下，体温、血压、血糖值下降，抵抗力变弱。通俗地说，这就好比人突然遭受打击后面色苍白的状态。但是，只要压力不超出承受极限，机体就会即刻进入一个克服压力的过程，即反休克期。这一阶段表现为机体机能迅速恢复、抵抗力恢复，可以说是从最初的打击中恢复过来的状态。

警觉反应阶段一过，就迎来了第二阶段，即“阻抗阶段”（抵抗阶段）。阻抗阶段即持续的压力与被激活的抵抗力之间维持平衡的阶段。在这一阶段，机体看似已经克服了压力，但其实是在提高抵抗力以对抗压力，故而实际情况并不像外表看起来那样轻松。如果这时其他新的压力施加进来，机体很容易无法承受。所以，如果我们以为已经克服了压力，进而增加负荷的话，情况就容易变得很危险。

另外，在阻抗阶段，我们常常能见到一些排解压力的典型行为，其中之一就是成瘾行为，或称强迫性的反复行为。成瘾行为，有依赖镇定大脑兴奋物质的情况，也有通过释放大脑内的快乐以减轻痛苦的情况。这类物质或行为通常具有两面性。例如，少量的酒精能增加多巴胺（一种治疗脑神经病的药物）的释放，随着血液浓度的升高，抑制兴奋的氨基丁酸会作用于传感神经，使人入睡。除了酒精以外，对药物、赌博、购物、拍卖、性、浪漫、游戏、手机等的依赖，都能令人情绪高涨，同时分散注意力，使人情绪稳定。可以说，这些成瘾行为具有一定抗压作用。尽管在适度范围内合理活用这些成瘾行为会产生积极的效果，不过一旦成瘾行为超出限度，就会对身心健康造成更严重的危害，极有可能导向压力反应的下一个阶段，也就是最终阶段。

这个最终阶段称作“衰竭阶段”（精疲力竭阶段）。这是一个超出抵抗力极限、机体内环境难以保持平衡、机体状态开始崩溃的阶段，表现为生物体机能再次低下、体温降低、体重下降、免疫力低下。这个阶段，其实就是患上适应障碍、心身疾病或抑郁症等精神疾病的状态。如果放任不管，患者就会以某种形式走向死亡。虽说每年有一万人过劳死，战后人口激增年代那一辈人的退休人数也跌破了三万人大关，但日本自杀人数连年居高不下，可以说，其中很多人都是被压力逼上绝路的。不光是抵抗力开始衰退的高年龄层或是压力过大的中年人，就连精力旺盛的孩子和青年人，自杀现象也比较普遍。

这其中的原因，不只是压力问题，也跟接下来介绍的影响环境适应的一些别的因素有关。

压力过大会影响身心健康

在塞利之后，生理学也取得了惊人的发展，“压力如何引发身心疾病”这一问题得到了更为详细的解释。

适度的压力能够激活生理反应，提高机体活力。问题在于，当压力强度过大、持续时间过长，就会对我们的身心健康造成危害。

实际上，保护身心不受压力危害的人体防御机制本身，就在无形中破坏了自身的机体和内心。所以，我们在思考如何预防这种情况发生时，首先有必要了解当承受压力时人体内部发生了什么变化。

如前所述，各式各样的状况都可能引发压力。通常我们所说的压力，主要是指精神上的压力。精神上的压力跟寒冷、缺乏营养、细菌感染等一样，严重的话可能威胁生命。

为了生存下去，机体必须保护自身不受压力侵害，由此产生的防御反应即“压力反应”。与压力的种类无关，机体在承受压力的时候会出现相同的压力反应。食欲不振，肠胃不良，容易患高血压，容易头疼、发烧，上述症状都是由压力反应引起的，我们每一个人也都经历过。但是，究竟为什么会出现这些症状呢？

起到关键作用的就是“压力荷尔蒙”（抵抗压力的荷尔蒙，又叫“抗压荷尔蒙”），这种物质的学名叫作促肾上腺皮质激素。当机体承受压力时，会释放出“压力荷尔蒙”以对抗压力，从而保护身心不受侵害。这绝不是为了伤害自身而释放出来的，但其结果却危害到了身心。这又该如何解释呢？

当人体感受到压力的时候，最先做出反应的，是我们脑内与维持机体生存密切相关的下丘脑。人体一旦感受到压力，下丘脑就会分泌一种“促肾上腺皮质激素释放激素”，这种激素立即到达脑下垂体，再由脑下垂体释放“促肾上腺皮质刺激激素”。当促肾上腺皮质刺激激素围绕全身一圈到达促肾上腺皮质时，机体就会释放促肾上腺皮质激素，即所谓的类固醇激素。

那么，类固醇激素有什么用呢？相信很多人都用过“可的松”乳膏，疗效可以说是非常显著。即使是严重的炎症或者过敏症状，只要一涂上可的松乳膏，病症就会立马好转。不过，大家应该也听闻过“可的松太厉害了”“可的松以外的药物毫无效果”之类的说法吧？可的松确实有效，但是副作用也很大，如果长期使用，就会对人体健康造成严重的危害。

类固醇激素之所以抗炎、抗过敏，是因为它具有很强的内分泌干扰作用，它可以阻断机体与异物抗争。试想一下，机体停止与异物抗争，那么肯定会产生其他的危害。类固醇激素确实能抚平炎症，貌似药到病除，但其实它让人体处于一种对外敌毫无防备的状态，故而长期使用类固醇激素容易感染细菌、霉菌。

究竟为何类固醇激素要叫停机体与异物抗争呢？那是因为机体还面临着更为严重的问题，需要集中投入精力去对抗。机体在受到外敌入侵、生死存亡命悬一线的时候，跟少量的细菌抗争毫无意义，如果不首先解决眼下生死攸关的重大问题，那么什么都没有意义，因此才会暂时停止与细菌或是过敏物质这些小喽啰的战斗，集中全部兵力，对抗当下最为棘手的敌人。结果就是只顾保全当下性命，而顾不上解决长期弊端。类固醇激素的抗炎作用，其实就是机体为了存活下去而采取的一种紧急避难措施。

除此之外，类固醇激素还有升高血压、提高血糖的作用。一方面，增加参与战斗的骨骼、心肺还有中枢神经必要的血流量，以确保战斗力；另一方面，削弱消化系统等在当下战斗中不必要的器官能量消耗。

什么是自律神经失调

人体承受压力，继而下丘脑产生压力反应，在“压力荷尔蒙”释放的同时，自律神经进入警戒状态，即从“休息模式”（副交感神经优先状态）转为“战斗模式”（交感神经优先状态）。交感神经兴奋时会释放肾上腺素，使血压上升、心跳加快，骨骼筋脉还有心肺得到充足血液运送的同时，抑制消化系统的功能。当压力消失、警戒解除后，人体通过放松和休息等方式重新恢复机体平衡。

不过，在强压力下，自律神经的开关转换将会变得不顺畅。交感神经持续紧张，容易引发肩周炎、便秘、高血压等病症，脖颈到后脑部位的头痛（筋紧张性头痛）也很常见。

交感神经和副交感神经同时兴奋的情况也会发生。比较典型的是机体感到强烈不安和紧张愤怒的时候，机体一方面为了保护胃黏膜而减少胃黏液的分泌，同时又为了促进消化而增加胃酸的分泌，这样互相矛盾的运行容易引发胃炎和胃溃疡。男性有时会阳痿，是因为交感神经兴奋阻碍了勃起。有时也会出现没有勃起但射精的情况，是因为射精是副交感神经兴奋引起的。这些情况都是由于过度紧张导致交感神经和副交感神经同时兴奋。

相反，交感神经和副交感神经也有可能同时受到抑制。在机体感到非常失望或抑郁的状态下，容易产生这种情况。这时，人缺乏活力、没有欲望，却难以放松，容易出现情绪焦躁、难以入眠的情况。

所谓的“自律神经失调症”，不单单指交感神经容易过度兴奋的状态，也包括交感神经和副交感神经这二者失去平衡，同时紧张或同时松弛的状态。

不过，“自律神经失调症”这个病名，只能覆盖压力引发的部分问题，因此现在已经不常用了。

自我放松的原理

类固醇激素的释放以及交感神经的兴奋，是机体为了在当下直面的战斗中发挥最大力量以维持自身生存的一种机制。

为了降低压力对人体的危害，关键是在面对相同的压力状况下，不过度兴奋或过度不安。很重要的一点就是当压力消解后，应立即解除机体的紧张状态，放松身心，力求尽快恢复。

也就是说，能够顺畅地从交感神经的紧张状态切换到副交感神经优先状态的人，往往具有很强的抗压能力。

一个人在面对压力时是否容易感到不安和紧张，是由人体的血清素系统、γ-氨基丁酸系统还有最近备受关注的大脑催产素（脑下垂体后叶荷尔蒙之一种）来决定的。

血清素是一种神经传递物质，它的一个重要功能是平复焦虑情绪。血清素系统功能良好的人很少感到焦虑，他们通常刚毅、自信，行为颇具领导风范。反之，那些血清素系统功能不良的人，通常内心不安、缺乏自信、行事怯懦。实际上，猴王和群猴的血清素水平就存在着显著差异。

人陷入抑郁的一个重要原因是长期处于压力之下，血清素释放殆尽，直至枯竭，导致血清素系统功能衰弱。血清素系统功能衰弱不仅会造成抑郁、不安、焦虑，也很容易诱发依赖症。

γ-氨基丁酸有抑制神经细胞兴奋的功能，如果这一功能紊乱，会引起强烈的紧张和焦虑，易造成神经性失眠、痉挛等症状。酒精、安眠药和抗焦虑的药物对刺激γ-氨基丁酸系统有一定效果。

但是，因为γ-氨基丁酸系统与神经细胞整体的兴奋性相关，如果太活跃，就会造成肌肉无力，容易使人犯困，就好比使人完全进入了一种醉酒的状态。如果突然停止使用刺激γ-氨基丁酸系统的药物，就会使人陷入极度的焦虑中，或引发全身痉挛。

大脑催产素系统，是由被称为“爱情荷尔蒙”的脑下垂体后叶荷尔蒙支配的系统，在抚育子女和爱情生活中扮演着重要的角色。如果催产素功能不良，就会使人对抚育子女漠不关心，不能很好地教育孩子。虽然性激素能够催情，促成性行为，可是对于爱情的长久维系和子女的抚育来说，催产素才是最重要的。也就是说，催产素是维系“依恋”这一生物学羁绊的不可或缺的激素。如果在亲子和夫妻间没有“依恋”，那么亲子关系和夫妻关系也无法维持稳定。

大脑催产素的抗压作用和抗焦虑作用已被大众熟知，催产素功能良好的人，很难感受到焦虑，也不易患上抑郁症。

哺乳能够刺激大脑催产素的分泌，但事实上仅仅凭借大脑催产素并不能使催产素系统良好地运转。这一点是所有神经传递系统和分泌系统的共性：如果传递物质和接收激素的受体数量不足，相互不能很好地配合协调，那么好不容易释放出的传递物质和激素就会被白白浪费。

在“催产素受体”的作用下，大脑催产素才能发挥它的作用。而且，婴幼儿期的成长环境是否安稳、是否接收到充分的关爱，都会影响催产素受体的数量。总之，在安稳的家庭环境中长大的人，不仅善于育儿、夫妻和睦，而且对焦虑和抑郁的抵抗力也非常强。人们凭经验总觉得二者有什么关联，并试图通过解密大脑催产素系统的作用机理找到生物学方面的依据。

不仅仅是大脑催产素的受体，血清素系统和γ-氨基丁酸系统也会受到幼儿时期成长环境的影响，这一点已渐渐被人们熟知。

当然，也有与生俱来的因素。有的人原本就是易感焦虑的遗传性体质。总体来说，相比欧美人，日本人中携带易感焦虑遗传基因的人更多，这些人不仅对压力敏感，而且极易受到成长环境的影响。

由此我们重新认识到，一个人的成长背景和生活环境在很大程度上影响了其对压力的感知。亲子关系不和的人易感压力，易出现适应问题，这是因为不稳定的亲子关系影响了催产素系统运作。

持续的压力有损大脑

压力反应是处理紧急情况时的临时对策，原本是被用作一种暂时性的、短期的方法，持续性的长期应对并不在预设之内。

然而，如果这种状态没完没了地持续下去，原本作为紧急应对而释放的压力荷尔蒙便会对人体产生负面影响，引发炎症感染、高血压、糖尿病和肠胃溃疡等疾病。这种因压力引起的身体疾病的状态，就是心身疾病。

压力荷尔蒙的影响不仅仅局限于身体，它还会对大脑产生副作用。短时间的压力会让人头脑清醒、思维活跃，产生足以击退压力的抵抗力；可是压力一旦长时间持续存在，就会使大脑陷入疲惫状态。就像鞭打一匹累坏的马，它尚可强打精神，可如果一直逼它强撑，终会使它轰然倒地，力竭死去。

大脑的神经细胞也一样。如果时间短，尚可勉强它们释放神经传导物质；但是一旦超出限度，神经细胞最终会失去反应，直至死亡。

实际上，长时间持续性压力会使大脑中一个叫作海马体的区域开始萎缩，这种现象常见于抑郁症和PTSD（创伤后应激障碍症）中，人会出现无力感、记忆力低下、思维缓慢等症状，这些都是海马体和脑前额叶皮层的功能衰退造成的。在恶化到该程度之前，存在各式各样的阶段，人体会发出各种各样的信号。出现的症状或者行为上的表现，在某种意义上可以说是一种信号，提示我们压力正超出人体的承受范围，间接地警示机体“目前状态不妙”。

如今，我们不得已生活在一个前所未有的现代都市环境之中。忽闪忽灭的霓虹灯、规模庞大的数据库、量大且高速的物流系统、瞬息万变的形势、巨大风险以及与此相对的大资金运作，诸如此类的过度刺激，使我们的大脑持续处在紧张状态，势必感觉疲惫。

这就是人们常说的“高科技压力”。这种环境压力会引起人脑前额叶皮层功能低下，出现失去干劲、丧失情感、性欲低下等状况。可以说，如今人与人之间的情感联系日渐淡化、普遍晚婚晚育以及少子化问题不断加剧等现象，是与现代人长期身处过度刺激的环境密切相关的。

什么是适应障碍

如果说心身疾病是由压力引发的生理疾病，那么由压力引发的心理崩溃状态就是适应障碍。不过，这里所指的适应障碍是轻症，如果压力消除，机体随即就会恢复正常，远没有到大脑萎缩之类的器官病变那种程度。

人即使身处陌生的环境，如果能得到很好的帮助和支持，也能慢慢地熟悉环境、适应环境。如果曾经失败、受挫的问题得到解决，自身对环境的适应力也能得以提高，之前出现的病症也会消失。但是，如果本人和环境的矛盾太大，那么再多的帮助和支持都于事无补，越想努力克服，自身所受的伤害反而越重。一旦压力超出极限，大脑就会遭受无法复原的严重损伤，这种程度的疾病已经不是适应障碍了，而是抑郁症等精神疾病。

适应障碍的发病原因主要为生活环境的变化，如搬家、工作调动、转学、晋升、岗位调换、留学等。另外，遭遇人际关系纠纷、被他人孤立、经历离别和死亡也是发病的重要原因。关于死亡这一因素，只有症状持续两个月以上，才能被诊断为适应障碍；倘若在此期限内情绪便能恢复正常，那只是一般死别反应，通常认为是一种自然生理反应。

适应障碍多会在诱发事件或环境变化出现的一个月之内发病。不过，也有一些适应能力较强的人，他们适应障碍发病的时间可能推迟很久。

在相同的环境中，适应障碍的发生与否也存在着很大的个体差异，这是适应障碍的特征。经常会出现这样的情况：对这个人来说是非常痛苦的环境，对另外一个人来说却是舒适的。

所以我们应该理解，对具体某个人来说，什么是痛苦的、什么是不合适的，这一点很重要。“不用在意他人”“没必要如此介意”之类的劝说词，其实毫无帮助，只会让本人觉得更加痛苦、不被旁人理解，从而被逼得走投无路。

适应障碍的症状也是因人而异、各式各样的。其中最常见的，就是心情郁闷、焦躁不安、注意力不集中、没有毅力、无法处理必须做的事等常见的抑郁症症状。跟抑郁症患者不同的是，当出现好事情或是面对自己喜欢的事情时，适应障碍患者就会马上变得精神焕发、活泼开朗，心情也变得高兴起来。另外，体重降低、肢体以及大脑反应迟缓这类症状算是相对轻度的适应障碍。有些患者会表现出针对人或物的攻击性行为、言语，或是出现器官退化等现象。

适应障碍患者通常会在六个月以内痊愈，但如果环境因素没有得到改善，病情经常会被拖延，这种情况也被称为“拖延型抑郁反应”。

适应障碍不是抑郁症

现如今，人们对抑郁症的认识逐渐加深，很多人感觉自己抑郁，就会去医院看神经内科或是精神科。这种及时就医的举措是值得提倡的，可以防止病情恶化。但如果本来只是适应障碍，却被当作抑郁症来治疗，就会引发很严重的问题，而这种情况至今屡见不鲜。

其实，以为自己患有“抑郁症”而到医院就诊的患者当中，有很大一部分只是得了适应障碍。正如一些心理诊所提供的数据显示的那样，在所有求医患者中，适应障碍患者占到九成之多。因为适应障碍尚不足以引起大脑病变，所以，可以说适应障碍只是机体对自身无法适应的环境所做出的自然生理反应。但是我们也常看到，有些医生把这种情况诊断为抑郁症，还开了抗抑郁药处方；又或者将其诊断为“双相障碍”（躁郁症），开出一些安定情绪的药物或是治疗精神病的药物。患者吃了这些不对症的药，越发感到全身乏力、情绪低落，甚至发展到无法正常工作、学习，成了真正的抑郁症患者。

抗抑郁药物具有刺激血清素等神经传导物质分泌的作用，正常人吃了这些药之后，大脑过度镇静，加重身体乏力、意欲低下的症状。安定情绪类药物和精神病类药物的影响就更大了，甚至可能导致认知能力低下，患者服药后整日精神恍惚，什么也做不了。

如果一个人真的患了适应障碍，他真正有必要做的是先稍作休息，然后，要么去改变自身无法适应的环境，要么改变自己去适应环境。然而，就连医生也不见得能想出真正有效的办法。出于职业习惯，他们总是把适应障碍当作精神疾病来处置。

关于“如何克服适应障碍”，我们将在后面的章节详细探讨，在此希望大家先明确一点：虽然适应障碍跟抑郁症的症状相似，但是适应障碍不是抑郁症。

最近，“新型抑郁症”成为话题。这种新型抑郁症的典型特征是：上班时状态极差，完全没有干劲；回家后却精神焕发，能够专心致力于自己的兴趣爱好。这也说明新型抑郁症其实是在适应障碍的基础上演变而来的，这种类型的抑郁症也被叫作“逃避型抑郁症”，从本质上来说，仍属于适应障碍。有的人休假期间神采奕奕，当假期即将结束，过去的症状又出现了。所以，如果只是单纯地根据患者的症状来治疗，并不能从根本上治愈适应障碍。

压力引起的其他疾病

除了适应障碍之外，还有几种精神性疾病也是由压力引起的，有些疾病的生理症状比较明显，有的则是心理症状较为显著。前者以躯体形式障碍（身体症状性障碍）为代表。所谓“躯体形式障碍”，简单来说，就是人承受的压力反映到了自己身体上。与心身疾病不同，不管怎么检查，医生都找不到躯体形式障碍的病因。这里希望大家注意：病因不明并不意味着患者装病，而是因为症状的出现不为意识所控制，患者在病发时确实会感到疼痛。躯体形式障碍可分为以下几种类型：

第一种类型称为转换性障碍，症状表现为无法正常行走、无法正常发声、痉挛发作等，但检查病患身体后又未发现器官异常。过去俗称“歇斯底里症”（无故感情激动，又怒又哭），发病频率高，尤其常见于女性。其实那是因为人遇到讨厌、心烦的事憋着不说，压抑心情，结果到了某一时刻却不受控制，只能肆意发泄了。

第二种类型称为躯体性障碍，当今社会非常常见，比如头痛、肚子痛、拉肚子、疲倦等。多表现为患者身体状态不佳，却查不出什么明显的机体功能异常。虽说这时机体尚未发病，但患者仍会感到疼痛。这类患者大多不擅长与人交流、不习惯依靠他人，或许他们正是通过自身躯体不适的表现去引起他人关注、寻求帮助。

第三种类型是疑病性障碍（疑病症），这类患者总是怀疑自己患了重病，哪怕只是长了一个小小的斑或者肿块，也会担心自己是不是得了癌症，甚至极端地认为自己肯定已经得了绝症，反反复复地去看医生、检查身体。此类患者往往尚未明确地感知到压力或不安，只是过分担心身体状况，通过疑病情绪表现出来。

第四种类型与疑病症同属高发性障碍，叫作疼痛性障碍。患者终日感到身体疼痛，比如头痛、关节痛，甚至一天二十四小时都在疼痛。在旁人看来不见得那么严重，但是患者本人却承受着巨大的痛苦，甚至不得不依赖止痛药。

以上几种类型的疾病障碍都是由压力引起的。如果没有心理健康方面的支持与开导，人就很容易患病。生活在一个充满安全感的环境当中，即使承受了压力，也未必会患上这类障碍；但如若身边没有可以倾听心声、给予安慰、帮助自己缓解不安的对象，不利条件层层叠加，人就容易患病。

急性压力障碍与创伤后应激障碍

直接由压力引发的精神病症，还有急性压力障碍与创伤后应激障碍。与环境变化等常见的日常生活压力所引发的适应障碍不同，急性压力障碍与创伤后应激障碍是由日常罕见的、突发的巨大压力引起的，典型的原因有地震灾害、交通事故、遭受犯罪暴力迫害等。

首先，急性压力障碍患者经历了可怕的事件后，不久就会发病。典型的表现为强烈不安、失眠、四肢感觉麻木以及现实感消失等。此外，诸如茫然自失、精神恍惚、什么事都不入脑、对微小声音或刺激的反应过度敏感、焦虑、急躁、坐立不安、不停地走动等症状也很常见。通常患者的情况会在数日内恢复正常。

其次，创伤后应激障碍一般在精神创伤性事件发生之后数日到数月不等（潜伏期通常为六个月以内）发病，症状容易拖延，患者难以恢复正常。当然，也存在从急性压力障碍发展到创伤后应激障碍的病例。

比如，遭受过强奸等性暴力的受害者，大都表现出急性压力障碍的症状，其中约半数人会进一步发展到创伤后应激障碍。也有一些人在受害初期看似平静，其后才出现精神疾病的症状。

创伤后应激障碍有三大典型症状，分别是“过度警觉”（神经过度敏感）、“回避”（试图避开容易回想或联想到创伤事件的场面）、“重现/回放”（受伤画面在脑海里记忆深刻、挥之不去）。此外，创伤后应激障碍伴有抑郁症状、情绪不稳定、沉迷嗜好的情况也很常见。

创伤后应激障碍与适应障碍的区别，在于病患所经受压力的程度不同。对于适应障碍患者来说，只要不适应的因素消失，机体就能恢复正常；但对于创伤后应激障碍患者来说，哪怕只经受一次伤害，机体便无法恢复如前。那种让人无法恢复如前的伤害就是精神创伤，所以创伤后应激障碍的恢复必然需要大量时间。

造成精神创伤的原因，典型的有战乱或自然灾害这类非日常的压力。众所周知，即便是相对较轻的压力，如果反复多次施加，也会给人造成精神创伤。比如，言语攻击、欺负凌辱、否定评价等，一旦长期反复施加于某一个体，就可能对其造成严重的心灵创伤。

另外，与精神压力、精神创伤密切相关的精神疾病，还有一种解离性障碍。解离性障碍是一种意识、记忆、身份的整体性扰乱。该症患者一旦承受压力，有的会失去神志，跑到某个陌生的地方；有的会异常兴奋；也有的会毫无反应。但是恢复正常之后，患者本人完全不记得自己发病的情形。症状最严重的被称作“解离性人格障碍”，患者发病后完全变作另外一个人，病发期间的记忆完全缺失。解离性障碍多发生在曾经受过虐待的人和幼年成长环境不稳定、心灵留有创伤的人身上。

我们如何应对压力

我们在前文中论述了压力引发的后果，接下来有必要先了解个人与压力抗争并顺利摆脱压力的几个重要原理。事实上，此处指出的基本原理将成为我们对抗压力的方针和准则。

第一条，如果个体能做到自我调节，那么压力将会变小。但是，倘若不得不运用高超的技巧才能控制压力，压力反而会增加。换言之，应该采用相对容易的处理方法来减轻压力。

例如，当一个孩子在课堂上有自信也有能力轻松地回答老师的提问时，那么他坐在教室里，不会感觉到任何压力。相反，如果他没有答对问题的自信和能力，他就会感到紧张，害怕自己什么时候被点名、担心自己回答不上来，从而导致他的压力与日俱增，甚至都不愿意上学。

在这种情况下，为了减轻精神压力，可以事先预习、做好课前准备。也就是说，比起通过看病吃药来抑制不安的情绪，不如事先做足准备，以此达到缓解心中不安的目的。

同理，与其将不安和紧张当成难题来对待，不如思考控制压力的方法，此为重要的观点之一。

第二条，越是抑制压力，压力反而变得越大。奥地利精神分析学家西格蒙德·弗洛伊德的精神分析研究有一个重大发现：被抑制的欲望会通过相应的症状表现出来。与此原理相同，被压抑的欲望也会形成压力。

例如，人无意识地产生了愤怒和不满，自己却忍耐着，什么也不说，这样就很容易积攒压力。具体可以分为以下两种情况：完全没有意识到自身的不满和愤怒，所以不发一语；已经意识到了自己的愤怒和不满，却选择不说出口。前者压抑程度更深，危害也更大。有的人毫无征兆地患上了心身疾病，或者某天突然得了抑郁症，多半都是因为其自身没有意识到压力的存在。这些模糊不清的消极情感很容易在不知不觉间损害个体的身心健康。

后面一种情况，即虽然意识到了自己的愤怒和不满却不愿说出口，也会导致压力的产生。有人认为负面的话还是不说为妙，因而选择不说，不失为一种贤明的处世之道。但是一味地顺应他人、过度压抑自我，也容易积攒压力。适当地表达本心，说出真话发泄减压，也是很重要的一点。

心理咨询治疗的重要作用就在于此。通过吐露真情、整理思绪，人们能够将含糊的情感和意识变得明确，利用语言表达出来，从而使压力变得容易处理。

倾诉能助你缓解压力

应对压力需了解的第三条原理是：一旦压力超出承受范围，人不仅难以适应压力，还会对压力过度敏感。机体对从未接触过的物质产生特异性免疫，机体处于变应性（过敏性）状态；再次接触该物质时，机体就无法接纳它。以上过程被称为“致敏作用”。压力也会对人体产生致敏作用。

一旦压力对人体产生致敏作用，使人体处于过敏性状态，我们可以考虑采取两种对策，一种是克服过敏性状态，另一种则是避免致敏源压力。在免疫学上，针对过敏症的治疗被称为“脱敏疗法”。其实对于压力问题的解决，基本上也要经过一个同样的脱敏过程。

如果要克服由压力引起的适应障碍、抑郁症、心身疾病等精神问题，我们可以从两个方向着手。一个是解决令人产生不适应的环境问题，提高自身对压力的承受能力，克服自身的不适应，朝着能在该环境中无障碍正常生活的目标努力；另一个则是尽快离开不适合自己的环境，转移到适合自身的新环境当中，并努力地适应新环境。

针对发生在职场和学校的适应障碍，选择从哪一个方向着手解决问题至关重要。通常我们都会先试着改变自身，试着克服不适应，如果实在行不通，再考虑改换外在环境。一味地沉浸于不适合自身的环境，不愿主动离开，其实也会给身心带来巨大的伤害，迄今出现过许多类似的事例。然而，最近还出现了过早放弃克服不适应的事例。确实早早离开不适合自己的环境可以防止症状恶化，但是如此一来，人们更无法培养克服困难的毅力和耐性了。当我们遇到烦心的琐事时，首先尝试直面困境、努力克服，这点努力还是必要的，一味地逃避无济于事。

因此，以下两点就显得尤为重要：第一，解决出现的问题；第二，提高自身的抗压能力。但是，要迅速提高解决问题的能力是十分困难的。对于已经患上适应障碍、心情忧郁的患者来说，就更为困难了。我们应该记住，不一定非要自己独立解决问题。也就是说，我们也可以借助别人的力量来解决问题。善于求助、善于向他人借力，本身也是一种解决问题的能力，即所谓的适应力。其实，光是意识到可以借助他人力量解决问题这一点，人的抗压能力就会得到提高。

这也关系到第四条原理：最终能否成功地克服压力，不仅仅取决于患者个人的力量，也受到其周围支持力量的影响。实际上，在解决问题的过程中重要的一环便是与他人协商沟通，合力解决问题。

但是现实当中，越是不擅长解决问题的人，往往越希望依靠自己独立解决问题。反过来说，越是不愿意示弱、不善于与他人协商交流的人，越容易患上适应障碍。

所以，当问题或障碍出现时，我们首先要做的便是与合适的伙伴商量。对确诊患上适应障碍的患者来说，这一点格外重要。因为在大多数情况下，要想解决问题，必须借助他人的力量。有人认为，若是自己还能勉强应付，就还没有到走投无路的地步，不需要依靠别人。然而，如果因为害羞而不愿求助于人，自己默默承受压力，万一最后被压力拖垮了，反而会更加严重。

但是，无法与人好好商谈的原因也不一定就出在个体身上，可能是因为当下身边没有可以商量的人；或是至今从未依靠别人，因而不知道怎样寻求帮助。也有不少这样的人，他们受人信赖、被人依靠，自己却无法去依靠别人。他们或是认为不能将自身的弱点暴露于人前，或是固守“不能给他人添麻烦”的想法。

但是，这样的性情其实也是从小养成的，成长环境起到了重要的作用。他们在不知不觉中形成了此类“顽强自立”的性格，宛如手脚被缚一般，艰辛地生活着。所以，解开这种束缚就十分有必要。

要想在这种情况下克服压力，一个最为关键的抗压原理就是拥有“安全基地”。所谓“安全基地”，就是随时可以依靠的人或物，类似幼时依赖母亲一样。

幸运的人由于拥有“母亲”这一养育者的关爱，从小就获得了自己的“安全基地”。这样的人具有基本的安全感，容易感到安心、满足。反之，如果孩子没怎么得到过母亲的照顾，或者母亲的作用不稳定、无法充当“安全基地”时，那么孩子长大后就容易抱有不安感和空虚感。如果有其他人可以担当替补的“安全基地”，养育者的空缺也能得以填补；但是要是无法完全弥补，孩子就容易心中不安，或者依赖错误的对象，甚至走上歧途。所以，孩子在小时候能否拥有坚实的“安全基地”，不仅会影响其幼年心境，也关系到其成年人格。

“安全基地”存在与否会影响一个人适应能力的高低，这一点无须多言。许多人认为，适应能力是一个人特有的能力，存在很大的个体差异。但是实际上，人们自身具有的适应能力并没有多大差别。关键的差距在于，有的人能充分借助他人的力量，有的人则不能；有的人擅长向别人求助，有的人却做不到。学会和他人商量、交流，能够求得他人的帮助，其实也是一个人的重要能力。

适应力强的人，无论是在公司里、家庭中，还是在朋友和熟人之间，都会拥有可以帮助自己的人。他们经常积极地与他人商量，从而避免因独自承受压力而被压垮的事情发生。

但并不是所有人都是那样幸运。很多人连一个可以倾诉的对象都没有，即便有爱人、有家庭，也总是无法向他们倾诉自己的苦恼。

这种时候，人们就会在其他地方寻求心灵上的支持，于是很多人便依赖诸如酒精一类可以让心情放松的物质，或是赌博一类让情绪高涨的行为，抑或像网络交友那样虚拟的人际关系。这些东西在“令人上瘾”这一点上具有共通之处，这并不是偶然。令人上瘾，就意味着能够让人依靠，从而成为“安全基地”的替代品。

没有“安全基地”的人，就容易沉迷于此类物质、行为和关系，这是必然的结果。为了拥有属于自己的心灵支撑，人们也只能那样做。如今，无法在周围人际关系中找到“安全基地”的人越来越多，所以，与此类物质、行为和关系相关的行业才会变得更加繁荣。

在这个意义上，镇静剂也可以说是一种可以给予人心灵支撑的替代物。虽然人本来不应使用这种东西，但比起精神被彻底压垮，还不如去依赖药品。因此，我们最好不要轻易服用这类药物。庆幸的是，随着药物疗法的发展进步，市面上出现了越来越多既不会令人产生依赖，同时又具有良好疗效的药物。如果人们能合理地利用这类药物，不仅比依靠酒精、安定片等安全得多，而且还能在问题解决、压力减小之后很快停止用药。而如果服用具有成瘾性的药物，就不得不一直服用，不能停药。

说到底，吃药也不过是替代行为，单凭吃药无法获得真正的精神安定，而且还存在各种各样的风险。最佳的解决办法还是在自己身边找到一个“安全基地”，这样一来，人的心情更安定，社会适应能力也更强。

从某种意义上来说，我们精神科医生的主要工作，就是为患者提供“安全基地”，或者是帮助患者维持其身边的“安全基地”，当然也包括帮助患者获得新的“安全基地”。

抵抗压力的三要素

接下来我对上述讨论做一个小结。即使处于同样的压力环境中，能否顺利克服压力的影响因素，除了负荷的强度和持续时间之外，个人的应对能力以及个人的环境和情感纽带也是很重要的。负荷、应对和支持，这三者的关系基本决定了一个人是否能很好地适应压力。简单点说，如果“负荷<应对+支持”，即使偶尔会感到沮丧、灰心，也不会被压垮；但如果是相反的情况，人就会逐渐被压力拖垮，导致最终崩溃。

当自己状态不好或者没有精神的时候，可以在心里默默地将这三要素的关系重新调整平衡，或使负荷变小，或增加应对和支持。比如，早上起不来床、不想去公司（学校）、对工作（学习）感到痛苦，这些情况都适用三要素平衡的公式。常见的请假休息，就有助于降低负荷，是非常奏效的方法。

好不容易在假期恢复好了精神，但是到了不得不上班的日子，人又失去了活力，这是常有的事。因为一想到休假期间耽误了很多工作，说不定会被周围同事挤对，就变得坐立不安，反而更难回到原工作岗位上。

所以，周围的理解和支持变得尤为重要。如果同事跟你说“只管好好休息就行”，那么你肯定能安心休养、不急不躁，慢慢地恢复创伤。另外，家里是否能成为比职场更令人治愈的场所，这一点也很重要。如果家人因为你请假不上班而不停地责备你，你会被逼得更加难受，对不能上班赚钱的自己感到绝望。精疲力竭、遍体鳞伤之际最需要的，是一个可以安心治愈伤口的地方。也就是说，是否拥有这样一个可以安心疗伤的“安全基地”，决定了一个人抗压能力的高低。

“安全基地”的作用是：在你需要休养的时候，它提供休养的空间；等你恢复到了一定程度，它会适当地给予鼓励；即使你失败了，它也不会责备你，只是耐心地守护着你，直到你恢复如常；不会强迫你，也不会进行说教；它能察觉到你眼下的需求，尽力满足并帮助你恢复力量。

但是，要想彻底解决问题，不能一味地依赖“安全基地”的帮助。不管你如何与他人商量、听取意见，问题最终也只能由你自己来解决。决定如何处理这个问题并执行，也只有你自己。就算有人听你倾诉、给出建议，他也不可能替你去公司上班，也不能代替你去找结婚对象，更不能帮你决定是否离婚。面对悬而未决的事态，真正能够打破僵局的，只有你自己。

因此，我们需要提高自身处理问题的能力。为了解决压力和苦难带给我们的痛苦与矛盾，需要培养应对问题的能力，我将在最后一章中讨论这方面的技巧。

第 2 章

学着适应，活出生命的意义

在第一章中，我们从压力与压力应对的角度探讨了“适应”问题。“适应”由压力及抗压能力这二者的平衡关系决定，这就是“适应”压力的理论。这一理论已经清楚地阐释了压力所产生的生理学影响，然而，即使承受着相同的压力，不同个体的痛苦程度却不尽相同，这一点与压力以外的因素有关。

相信我们大多数人都深有体会：抗压能力的高低会受到个人心态的影响。即使是面对相同的困难，有的人被压垮了，有的人却能够很好地适应情境。那么，究竟为什么会产生这样的差异呢？在努力适应环境的过程中，到底什么才是最重要的？影响适应与否的决定性因素是什么？如何调整心态？关于这几点，我们将在本章中深入思考。

对于这些疑问，精神分析学已经做出了非常积极的探索。所以，我想在概览精神分析学领域前人建树的同时，进一步深入地思考“适应”及其决定因素。

弗洛伊德的精神分析学与阿德勒的个体心理学

弗洛伊德的精神分析学

奥地利精神病学家弗洛伊德发现，神经症是由被压抑、被自我屏蔽的内心纠葛（心理冲突）或者外伤记忆（给心灵带来创伤的不愉快记忆）所引发的。他从这一点出发，开创了精神分析学研究。弗洛伊德精神分析的目标，正是使分析者重新意识到被压抑的（被自我屏蔽的）内心纠葛或外伤记忆。

什么是内心纠葛呢？弗洛伊德认为，就是“快乐原则”和“现实原则”之间发生的对立。内心的欲望和反对欲望的现实之间存在矛盾，由此产生了痛苦，为了能够逃离这种痛苦，人们只好压抑自己内心的欲望。这种压抑在无意之中显露出来的症状就是神经症。

弗洛伊德认为人格结构由本我、自我、超我三部分组成。他把建立在快乐原则之上的人的本能欲望称为“本我”，把建立在社会现实原则之上的自我禁欲的内心机制称为“超我”。可以说，社会道德规范、父母的教育、家庭的教养都是强化超我的因素。另外，“自我”介乎“超我”与“本我”之间，起到调节作用。

依照弗洛伊德的观点，所谓“适应”，就是“自我”在快乐原则和现实原则之间发挥调节作用的过程。

在快乐原则当中，弗洛伊德又最重视性欲。他认为性欲是人最本能的欲望，是生的本能，他把性本能背后的一种能够驱动性欲的能量称为“力比多”［“力比多”（libido）与“爱”（liebe）出自同一语源，即“爱欲”］。遵循弗洛伊德的观点，如果性欲或恐惧的心理被压抑，力比多的驱动也会受到妨害，进而引发各种症状，造成适应障碍。

曾经有一个叫汉斯的青年患上了恐马症，他对外出这件事非常恐惧，经常无精打采，情绪很不稳定，于是他去找弗洛伊德检查。汉斯患上恐马症，其实可以说就是对生活产生了不适应。

弗洛伊德在问了汉斯一些问题之后，就弄清楚了以下事实：汉斯在小的时候目睹了马车倒下的场景，受到了刺激。那种可怕的经历给他的心灵造成了伤害，令他患上了恐马症。不难推测，汉斯患上的外出恐惧症也和这个事件有关。

但是，在进一步追溯汉斯的记忆后，弗洛伊德又做出了一些奇奇怪怪的解释。汉斯曾经目睹了父母的性交场面，那个时候他对于父亲那巨大的阴茎产生了恐惧，弗洛伊德说这也和他的恐马症有关。

弗洛伊德这种关于抑制和发病的机制理论在现今也算是合理的理论，当然，性欲上的内心纠葛和外伤体验会影响一部分适应，但是弗洛伊德试图用该理论来解释所有病例，显然是不合理的。所以，不少当初追随过弗洛伊德的人开始提出反对意见，并与弗洛伊德分道扬镳。其中为首的，就是接下来要介绍的阿尔弗雷德·阿德勒。

阿德勒的个体心理学

1870年，阿德勒出生于奥地利维也纳郊外的小镇鲁道夫海姆（Rudolfsheim）。他自小就患有严重的佝偻病，直到4岁都还走不好路。好不容易慢慢地学会了走路，阿德勒又患了肺炎，差点没命。后来他还多次遭遇不幸，一直身体孱弱。

但是阿德勒没有向逆境低头，也正因如此，他立志要当医生，并且朝着这个目标不懈努力。阿德勒是一个严于律己、努力上进的人，他提出的理论也反映了他的这一人格。

阿德勒认为，人的本能欲望，不是性欲，而是“追求优越的欲望”。权力欲、支配欲、优越感，这些才是能够驱动人行动的东西。而且他还认为，从根本上来说，“追求优越的欲望”源于幼时受伤而产生的自卑感。为了弥补这份自卑，人们各自创造出适合自己的生活方式。

不过，如果过于强调追求优越的欲望，那么就会立即引起个体之间的矛盾，也必然导致社会生活不顺利。所以，阿德勒又提出了另一个重要概念——“归属感”。这也是人所拥有的根本性欲望，人希望能被他人接纳，希望能被他人认可。这个欲望跟“追求优越的欲望”同样强烈。

阿德勒理论中的“适应”，就是个体“想要优越于他人的欲望”与“在社会中找到合适的归属”这二者之间达成的一种平衡。在这种平衡中，最重要的概念是“共同体感觉”。所谓“共同体感觉”，简单来说，就是不单单考虑个人利益，也要考虑对方和集体利益的一种姿态。培养“共同体感觉”，就是要调和“个人的优越”与“合适的归属”这二者之间的关系，最终达到顺利适应的目的。反之，如果缺乏“共同体感觉”，就容易产生不适应，个体也就很难归属于某个共同体，并在共同体中实现自身价值。

基于以上观点，阿德勒建立了“个体心理学”的理论体系。与此理论体系的名称相反，阿德勒心理学的最大特征是关注人类心理的社会层面。比起内在心理矛盾及个人问题，“个体心理学”更注重人际关系问题。

照阿德勒的理论来看，精神类疾病和相关症状也具有了不一样的含义。从社会生活这一角度来说，精神疾病及其症状间接地起到了“免罪符”作用：如果个体患有精神疾病或表现出类似症状，就无须再负起自己原本必须承担的责任了。阿德勒认为，神经症等疾病不但可以让个体推托不愉快的工作，有时还能成为个体控制、操纵周边人的工具。也就是说，“生病”这个事实背后存在着另一种含义：我生病了，手里就多了控制和支配他人的特权。因此，患者若想要康复，不能逃避责任，而要有直面问题的勇气，迎难而上。

阿德勒认为，对于备受烦恼困扰的人，如果只是一味地接纳他、安慰他，给他提供逃避现实的场所，并不能彻底地解决问题。帮助他直面必须完成的课题才算得上真正的鼓励。所以，阿德勒特别强调自助小组的作用。

当然，对于已经产生了不适应、正处于痛苦中的人来说，阿德勒的观点可能过于残酷，但不得不承认它的确有一定的道理。正如阿德勒所说，陷入困境的人要想重新站起来，最终只能依靠自己，承担起应有的责任，直面问题。

阿德勒幼年时期克服障碍的经历非常鲜明地反映在他的心理学观点里，而另外一段经历则给予了他更大的灵感。

他曾经在维也纳普拉特游乐场附近开了一家私人诊所。说起普拉特游乐场，那是个类似关西天王寺动物园的地方，周围尽是杂乱无章的贫困区。每天看着周围的杂技演员和艺人，阿德勒留意到他们本来也存在某些先天障碍或缺陷，但大家都努力克服了，还使特殊潜能得到了发挥。这更让阿德勒坚定了“不要只看到缺陷障碍，缺陷障碍也可以变为优势”的想法。

只是对于受到严重创伤、动弹不得的人来说，即使深知阿德勒心理学是正确的，但无论如何也无法做到，这样的想法愈演愈烈，反而会被逼到绝境。人们批判阿德勒的心理学“不是普通大众的理论，只适用于勤勉努力之人”，大约就是这一理论过于乐观的缘故吧。

就拿最近流行的新型抑郁症来说，倘若根据阿德勒的个体心理学解释，一旦被诊断为抑郁症，就好像得了一张“免责符”，可以逃避责任，而这对根本性的恢复毫无帮助。应该帮助这个人面对困难、承担责任，督促他早日回归本职，这才是真正必要的对策。

不过，抑郁症患者当中也确实有些人需要充分休养、戒除焦虑。还有新型抑郁症患者，他们也绝不是想要逃避责任才故意患上抑郁症的。很多人还是希望担负起自己的责任，只不过真的没办法做到。本来在职场环境和个人适应能力方面已经存在很多不利因素，再承受巨大的压力，更易引发疾病。即使把这种情况说成个人逃避责任、逃避现实，对解决问题也不会有任何实质性的帮助。当事人也更加觉得自己被否定，更易丧失自信和热情。

实际上，阿德勒也深知这一点，即使人们真按他的理论去行事，也不一定会奏效。在摸索方法的过程中，他发现了治愈疾病的一个关键要素。第一次世界大战时，他作为军医从军，观察了大量因恐惧战争而精神失常的人之后，他得出结论：易患战后心理综合征或难以痊愈的人都有一个共同点，即缺乏与他人的联系和同伴意识（集体意识）。这就是前文所述的“共同体感觉”。阿德勒的这一发现在其后针对越战士兵的PTSD研究中也得到了证实。那些与他人联系紧密、同伴意识较强的人不易患上创伤后应激障碍，即使患上了，也能很快康复。

这表明与他人的联系以及同伴意识，能够抵抗强压，守护身心。这与在第一章中论述的影响压力的要因之一是人际关系以及他人的支持这一观点相一致。

因此，阿德勒逐渐将治疗重点放到了增强共同体感觉上。一旦共同体感觉得到增强，即使是同样不愉快的经历，个体的应对方法也会自然而然地发生改变，困难变得更易克服和跨越。我们进行治疗时，一直陪在患者身边，向他传递“你并不是一个人”的信息，这一做法或许就是想要帮他找回共同体感觉吧。所以，在克服压力、预防适应障碍方面，阿德勒的理论和方法的确有可供参考之处。

依恋类型与适应

依恋类型左右着你的人生

通过上述讨论，我们已经明白，人与人的关系会影响个体对压力的适应能力，同时我们也清楚，这个世界上有人际关系良好的人，也有人际关系糟糕的人。人际关系好的人，即使受挫也容易恢复，反之却很难。

阿德勒方法论的局限性在于，他没有对“为什么会有人际关系糟糕的人？这类人应当怎么做？”等疑问做出解答。

直到20世纪晚期，才有人对这些疑问做出了有力的回答。我们知道，在压力的感知方式和克服方法上，存在很大的个体差异。“依恋类型”这一概念作为决定个体差异的重要因素被人提出。

依恋类型，从婴幼儿时期开始奠定基础，随着年龄增长不断受到周边人际关系的影响，到青年时期大致形成。依恋类型不仅左右个体人际关系的建立，而且会影响一个人对事物的接受方式、行为准则、对压力的敏感度等。比起与生俱来的遗传基因，依恋类型对人的影响有过之而无不及。

提出“依恋”这个概念的是从事精神分析研究的英国精神科医生约翰·鲍比。鲍比从第二次世界大战时开始进行针对战祸孤儿和离散儿童的研究，战后又受世界卫生组织委托，对生活在社会福利机构中的孤儿们进行了大规模的调查。

调查结果显示，对失去母亲的孩子们来说，即使营养充足、照顾周到，他们也容易出现发育成长迟缓、重复行为、自残行为等典型症状。鲍比认为，这些问题的原因都是母爱的缺失。之后，鲍比通过进一步研究发现，孩子们对母亲的依恋遭到破坏性的伤害才是问题的根源，进而确立了“依恋”这一概念。

在那之后，心理学领域进行了很多研究，均证实了鲍比的理论——依恋不只是一种心理情结，更是一种生物学现象。另外，科学家还发现，依恋障碍并不只是孤儿才有的问题，在普通家庭里长大的孩子也有三分之一被认为是焦虑型依恋者，这种焦虑型依恋给孩子的人生带来了各种各样的影响。由此产生了“依恋类型”这一概念。

“羁绊”的真面目

日本东北大地震后，“羁绊”的重要性被频繁提起。

那么，“羁绊”到底是什么呢？很多人脑海里会出现“心与心之间的情感纽带”这样的话语。

从生物学角度来看，很多生物是没有羁绊的。拥有羁绊的生物只限于群居（家族）生活的社会性哺乳动物和鸟类等。那么，这个“羁绊”的生物学实体究竟是什么呢？其实它就是前文提到的大脑催产素作用产生的依恋现象。

即使是近亲之间，也存在没有羁绊的物种和有羁绊的物种，比如众所周知的田鼠。栖息于美国草原的草原田鼠，夫妻和家人之间因紧密的羁绊而结合，形成一个大群体（家庭）聚居生活。然而，虽然同为田鼠，生活在山地的山地田鼠却没有羁绊。雄性和雌性山地田鼠只有在发情期会相互靠近并交配，结束后就会各自分开生活。所以，山地田鼠即使有爱，也不是持续的爱，亲子关系也比较冷淡；即便母亲离开孩子，孩子也漠不关心，不会叫唤。而拥有羁绊的草原田鼠，孩子只与母亲分开一小会儿，也会疯狂地鸣叫。这里形成一个非常鲜明的对比。山地田鼠的哺乳期结束后，即使本是母子也形同路人。

我们人类也一样，在农村生活的时候，可以说是草原田鼠型，到了城市里生活就渐渐变为山地田鼠型。都说在不久的将来，一个人生活的家庭将会成为主流家庭类型，这就是社会羁绊变弱的最显著表现吧？

那么，使草原田鼠和山地田鼠产生差异的又是什么呢？

那就是大脑催产素系统不同。草原田鼠的纹状体区域（感受喜悦和快感的中枢神经）富含催产素受体，而山地田鼠的纹状体区域却没有多少催产素受体。正是由于这一差异，草原田鼠会在与同类接触并保持亲密关系时产生喜悦和快感，进而维持相互之间的依恋，但山地田鼠却不具备这一机制，所以它们只与同类保持一个最小必要程度的关联。

不光是田鼠，对于人类来说，大脑催产素系统的作用也会使人与人之间的情感纽带得以加强。

如果一个人感知喜悦的神经领域存在丰富的催产素受体，就容易有依恋情结，喜欢与人保持亲密关系；反之，则难以对他人产生依恋，也难与他人保持亲密关系。

但是，不管是草原田鼠还是山地田鼠，它们都有一个催产素受体丰富的区域，即扁桃体或下丘脑。事实上，这里隐藏着与压力、依恋这二者有关的生物学结构秘密。

扁桃体是恐怖和不安等消极悲观情绪的中枢，一旦这一区域感知到危机，个体就会通过采取回避行为来保护生命。下丘脑是自律神经的中枢，人在感到不安或者有压力时出现呼吸加快、心率增高的症状，就是下丘脑接收到来自扁桃体等器官的信号而变得兴奋所致。

大脑催产素受体丰富的个体，即使承受相同的压力，也能抑制恐怖和不安等消极的情动反应，自律神经系统的反应也较平稳。

相反，大脑催产素受体不足的个体，就容易过度不安和恐惧，自律神经也容易过度兴奋。

其结果是，大脑催产素受体丰富的人和催产素受体缺乏的人，各自对压力的敏感程度会存在不同。

那么，大脑催产素受体的丰富与否又是由什么决定的呢？有一部分是由遗传决定的，但是更重要的原因则是个体出生到哺乳期这段时间的养育环境。一般认为，从出生到1岁半为止是依恋形成的重要临界期。若孩子在该时期内得到充分爱护，安定成长，就容易培养出丰富的催产素受体；相反，若孩子在该时期内受到过冷落或虐待，则容易缺乏催产素受体，大脑催产素也会分泌不良，进而容易感到不安，即便是很小的压力，也会反应过激。

这类孩子不光会出现成长发育不良等问题，还有可能免疫系统功能紊乱，体弱多病。在过去，没有得到母亲养育的孩子基本都会夭折，即便营养充分，也很难养成健康的体魄，容易智力发育迟缓或社会功能发育不全。有些孩子生来资质非常好，但是如果没有培养出安定的依恋模式，没有得到妥善的照顾，他们也没有办法发挥本来的天赋。

婴幼儿跟以母亲为主的抚养者之间建立的依恋关系，不仅会影响孩子以后的人际关系，也会影响他的抗压能力和安全感，甚至左右其一辈子的身体健康和精神稳定。

当孩子失去依恋对象

虽说依恋有利于个体的心理稳定，但同时也存在风险。那就是失去了所依恋的对象而产生的风险。正因为是依恋，所以当那个对象离开时，会给个体带来莫大的痛苦。

鲍比把失去依恋对象称为“对象丧失”，他十分重视这种现象，并对此展开了研究。失去依恋对象的孩子，最开始的反应是不顾一切地想要找回那个人，同时会激烈地抵抗现实。这就是对象丧失的最初反应阶段，被称为“抵抗”。

但当这个孩子精疲力竭后便会放弃抵抗，整个人失去活力，开始把自己封闭起来，对周围的一切漠不关心，进入到“绝望”的阶段。

随着时间的流逝，孩子慢慢从绝望的状态中恢复，对于依恋对象的记忆也逐渐模糊，执念也慢慢消失，这就是“脱离依恋”的阶段。虽然从表面上看像是恢复正常了，但其实并没有完全回到原来的状态。此时，这个孩子心里还留有丧失依恋对象的伤疤，要么不敢再敞开心扉，要么与之相反，无论对象是谁，都想要依靠。也就是说，经历过“对象丧失”的孩子容易往这两个极端方向发展，要么逃避亲密关系，要么过度地依赖他人。

小时候在依恋方面受到过伤害的人，成年后的人际关系中存在更多不稳定因素。不过，即使母亲不在，如果孩子跟另外一个人保持稳定联系，并且顺利建立了新的依恋关系，那样的问题也可以避免。

所以说，我们是在成长过程中不断经历各种事情，进而逐渐确立了各自的依恋类型。

安全型依恋的人如何应对压力

依恋类型大体可分为以下三种：安全型（安定自律型）、焦虑–抵抗型（矛盾型）、焦虑–回避型（轻视依恋型）。不同依恋类型的人对于压力的敏感程度以及反应方式都是不同的。

安全型依恋的人比较信赖他人，会对他人敞开心扉，但不会过度地依赖对方，而是保持一种平等的关系。该主张自我的时候就主张自我，该妥协退让的时候就妥协退让，他们容易与他人建立互相尊重的关系。对于不公之事，他们也会生气或者责备，但这种生气是为了解决问题，有利于改善人际关系，本身不具有破坏人际关系的作用。

安全型依恋的人面对压力，很少感情用事，而是以冷静、灵活的态度来解决问题，或者通过积极地直面问题来克服压力。

当焦虑遇上压力时

焦虑–抵抗型依恋的人，一方面心里怀着强烈的不安，因担心被人嫌弃或否定而过度依赖对方；另一方面又容易对自己所依赖的对象发火、责骂，哪怕只是细微的缺点，也会过分指责。这样的行为会使得其亲友疲惫不堪，失去相处的信心，最终双方的信赖关系会被彻底破坏。

焦虑–抵抗型依恋的人应对压力时，总是过度地大吵大嚷，把周围的人都卷进来，试图借助周围人的力量解决问题。这类人对依恋对象丧失也非常敏感，容易受到严重影响。不过，他们知道自身无法独立处理难题，总是在寻找其他能够支持自己的人，并对这些人产生依赖。

焦虑-回避型依恋的人，有意回避彼此敞开心扉的亲密关系，始终与他人保持一种疏远的表面关系。正如焦虑-回避型的另一个名称“轻视依恋型”，这类人的特点是不重视与他人的亲密关系，总是抱着“也没什么大不了”的态度。即使自己与父母关系不和或者无法与父母以外的人相处，他们也认为问题不大。

焦虑-回避型依恋的人应对压力时，经常无视问题，好让自己免于受伤。有时候明明已经出现了巨大的压力危机，但他们自身却完全没有意识到。等他们真正意识到问题时，病情已经严重到身体机能异常的程度了。这类人失去依恋对象时，表面上满不在乎，其实心里颇为受伤。一旦对象丧失的情况多次出现，他们频繁地脱离依恋关系，会越发加强其回避依恋的倾向。

活出生命的意义

当我们探讨“在严酷的压力环境下存活”这一问题时，不得不提到精神科医生维克多·弗兰克。这个人曾经被剥夺了全部财产，失去了社会地位，还被强制在波兰奥斯维辛集中营里度过三年的集中营生活，其间失去了新婚妻子、父母以及其他亲人。他的经历极度悲惨，但他却没有失去信念，甚至从未抛弃过对生命的热爱与尊敬，实在是我们少有的榜样。

巧合的是，在被送往集中营之前，弗兰克已经开始致力于有关生命意义的研究，并尝试将这部分理论纳入精神医学领域。突如其来的集中营经历，恰恰使他的一些基本观念和方法得到了验证。

战争结束后，弗兰克终于被人从集中营中解救出来，他这才得知，原来自己的心灵支柱——妻子以及其他家人——已经全部去世了。他的妻子缇莉本可以逃脱被送往集中营的命运，可不管丈夫怎么劝说，她都没有改变与丈夫同甘共苦的想法，自己选择进入了奥斯维辛集中营。

好不容易才在纳粹集中营这般极为残酷的环境中幸存下来，弗兰克又一次面临着极大的危机，他可能会被命运击垮，进而选择结束自己的生命。但是，弗兰克战胜了这次危机。他是怎么做到的呢？

或许我们可以从以下弗兰克和好友的谈话中找到答案。弗兰克拜访了好友保罗·波拉克，流着泪向他诉说自己的苦难经历，以及家人丧生的事实。之后，弗兰克说了这样的话：

“保罗，一下子发生了这么多的事情，让我接受如此考验，这当中应该有什么深意吧？我感觉得到，似乎有什么东西正在等待着我、期待着我。一定有什么东西需要我，我一定是因为某些原因而被赋予了这样的命运。”

好友觉得让弗兰克忙碌起来会比较有利于稳定他的情绪，所以并没有让他慢慢休养，而是尽快安排他回到医院工作，还建议他继续推进战前开展的研究。

弗兰克完成了《医生和心灵》（另一中译本书名《心灵的疗愈——意义治疗和存在分析的基础》）一书之后，趁势在短短九天内口述了自己在集中营的亲身经历和思考。心中积郁之气，顿时倾泻而出，这就是后来出版的《活出生命的意义》一书，该书后来畅销全球。直至今日，关于“在极限环境中生存”这一问题，《活出生命的意义》仍旧是重要的参考文献，享有高度评价。弗兰克在该书中阐述的结论是：人能否幸存、能否幸福地生活，关键在于能否找到生命的意义。不管遇到什么样的考验，只要人能够发现它的意义，那么就可以忍耐下去，战胜困难；但是，如果一个人觉得忍耐和承受已经没有意义，那么从这一刻开始，活下去就变得很困难了。

之后，弗兰克将从“生命的意义”角度切入的“意义治疗”心理疗法发展壮大，即“存在分析”。

存在分析理论中所说的“生命的意义”，并不是“活着是什么”之类的抽象哲学概念，而是人能在日常生活中感受到的具体意义，也可以说是“活着的价值”。为了能够过好属于自己的生活，每一个人都有必要找到自己在日常生活中所体现的意义或价值。

不过，关于“意义”这一点，弗兰克强调“这个意义不是外来的，不是外部给予个体的，也不是别人能回答的”。所谓“生命的意义”，正是需要本人去追寻、应当由自己来回答的问题。

所以，弗兰克的存在分析重视个体本身的责任，他认为责任就是生命存在的本质。

这跟弗兰克所重视的“态度的价值”也有关联。弗兰克认为，一般人可以通过实现三种价值来获得生命的意义，分别是创造的价值、经验的价值和态度的价值。创造的价值，指通过创造新事物而获得的满足；经验的价值，是具备兴趣或学习的机会而获得的满足——这二者为大多数人所熟知。在此基础上，弗兰克又加了一个“态度的价值”。所谓“态度的价值”，就是在面对苦难和考验时，个体所采取的态度体现出来的价值，相当于“心态”“境界”这类概念。

即使命运不幸，创造的价值和经验的价值难以实现，人依然有机会实现态度的价值。弗兰克在其著作《死与爱》中这样阐述：“也就是说，关键在于他是如何忍受这一点的，或者说他是如何将这个属于他的十字架背负起来的。比如苦难中的勇气、衰落失败之际仍然闪光的品格，诸如此类。”

即使身处无力挣扎的绝境之中，人依然可以彰显出自己态度的价值。这是集中营幸存者弗兰克从自身经历中感悟出的信念。

当我们表现出“无论命运多么残酷，我都会把它当作自己人生的责任，勇敢地接受”这样的勇气时，或许就能从困境中发现自己的生存价值。

测试你的人生价值

从生理压力、个人愿望与社会现实的矛盾，到生命的意义与价值，当我们从这几个角度去思考“适应”，不难发现适应具有多层次的特征。

即使一个人身心负担不重，能够舒适地工作，但是如果他很少在工作中收获成就感，抑或他的能力特性没有得到他人认可，那么他也会对这项工作逐渐失去热情。另外，即便能力受到他人认可，如果工作成果不能让自己感受到意义的话，那么也会走上空虚度日的道路，不能说是真正的“适应”。

从这个意义上来说，一个人是否真正做到了适应社会、适应环境，可以通过“是否体会到人生价值”这一点集中表现出来。

PIL（purpose-in-life，生命意义量表）测试是为了检测个体的人生价值高低而制作出来的量表。PIL基于弗兰克的理论而设计，由三个部分组成，我想从其中的A部分中摘选十个问题介绍一下（参照下页）。

针对各个项目，选择最符合自身实际情况的数字。如果测试结果提示人生价值低的话，姑且可以通过提高创造的价值和经验的价值来获得生命的意义，但正如弗兰克所归纳的那样，真正需要的还是努力提高态度的价值。这样一来，无论遇到多么残酷的境遇，都不会失去人生价值，并能够找到自身的生存意义。

生命意义量表（PIL测试）

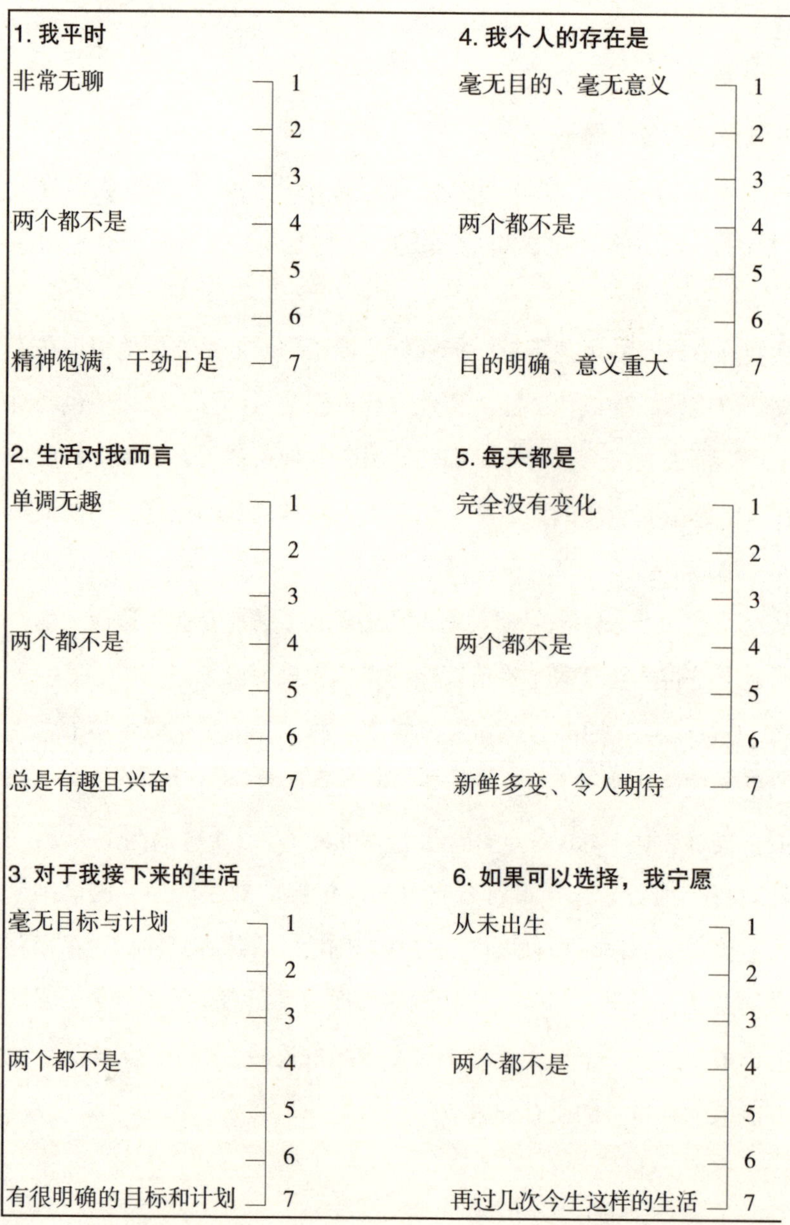

1. 我平时

非常无聊 1
2
3
两个都不是 4
5
6
精神饱满，干劲十足 7

2. 生活对我而言

单调无趣 1
2
3
两个都不是 4
5
6
总是有趣且兴奋 7

3. 对于我接下来的生活

毫无目标与计划 1
2
3
两个都不是 4
5
6
有很明确的目标和计划 7

4. 我个人的存在是

毫无目的、毫无意义 1
2
3
两个都不是 4
5
6
目的明确、意义重大 7

5. 每天都是

完全没有变化 1
2
3
两个都不是 4
5
6
新鲜多变、令人期待 7

6. 如果可以选择，我宁愿

从未出生 1
2
3
两个都不是 4
5
6
再过几次今生这样的生活 7

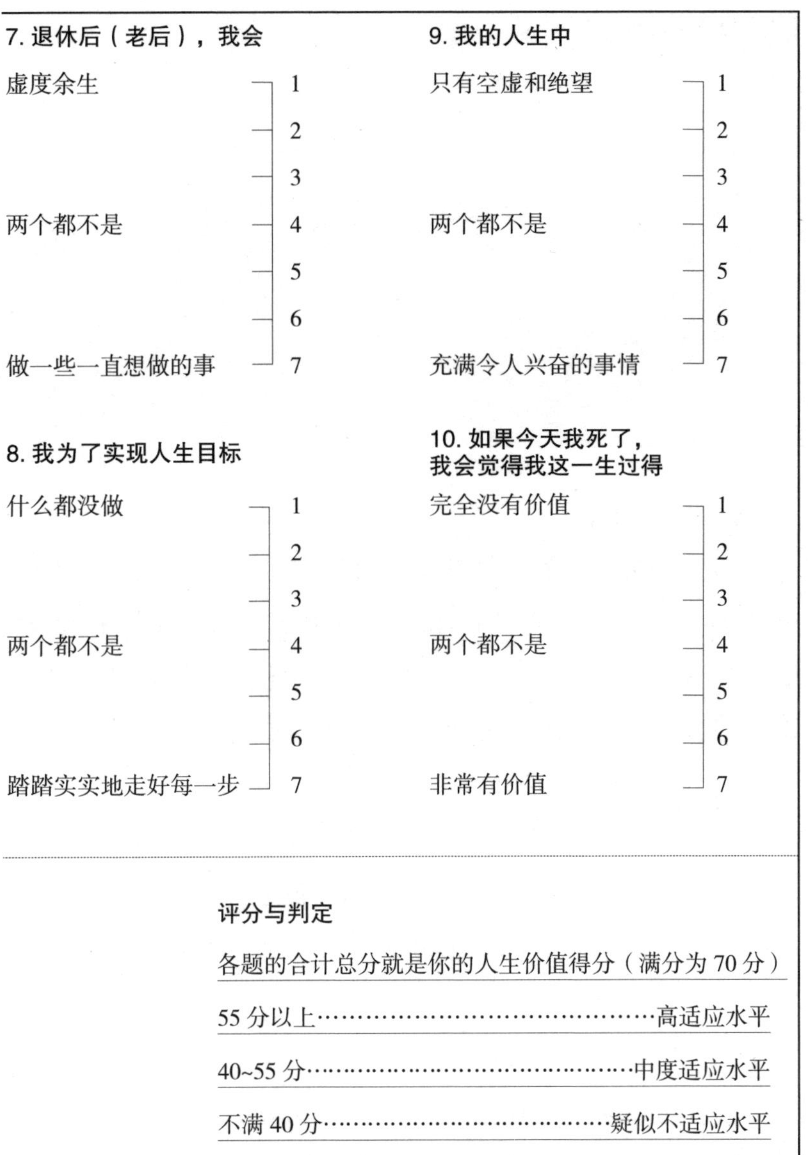

7. 退休后（老后），我会

虚度余生 — 1
— 2
— 3
两个都不是 — 4
— 5
— 6
做一些一直想做的事 — 7

8. 我为了实现人生目标

什么都没做 — 1
— 2
— 3
两个都不是 — 4
— 5
— 6
踏踏实实地走好每一步 — 7

9. 我的人生中

只有空虚和绝望 — 1
— 2
— 3
两个都不是 — 4
— 5
— 6
充满令人兴奋的事情 — 7

10. 如果今天我死了，我会觉得我这一生过得

完全没有价值 — 1
— 2
— 3
两个都不是 — 4
— 5
— 6
非常有价值 — 7

评分与判定

各题的合计总分就是你的人生价值得分（满分为 70 分）

55 分以上……………………………………高适应水平

40~55 分…………………………………中度适应水平

不满 40 分………………………………疑似不适应水平

以上问题引自《PIL检查日本版》（PIL研究会）

唤醒自我察觉

认知疗法的开始

谈到“适应”，我们都知道心态很关键。但是“心态”这种东西，很多时候是连本人都意识不到的。打个比方，如果有人戴着蓝色太阳镜，那么他眼中的世界都是蓝色的，一旦对此习以为常，就根本不会意识到自己看到的一切都偏蓝色（而非正常色）这一点了。

美国精神科医生亚伦·贝克在治疗抑郁症患者的过程中发现，患者们看待事物的态度都较为悲观。他们不仅对自己的人生抱着悲观的态度，对于世界和未来的看法也相当悲观、歪曲。贝克渐渐觉得，这些过于悲观的认知兴许就是折磨他们的根源。那么，这些悲观的认知真有现实依据吗？贝克决定跟患者们一起探讨。

经过分析，患者们才发现自己的想法与事实并不相符，意识到原来一直以来自己都在往坏处想。如此一来，患者们的抑郁症症状也得到了缓解和改善。

这段经历让贝克认识到，在所有造成不适应的因素当中，本人的

“理解认识”和“自我认定”这两个要素的影响作用不可小觑。从此，贝克开始推行一种新的治疗方法，利用这两个要素发挥积极作用。这个治疗方法后来发展成了今天为人熟知的“认知疗法”。认知疗法对于抑郁症和各种适应障碍的治疗都很有效果。

我们人类是有智慧、有思维的生命体，针对来自外界的各种刺激输入，大脑会先进行认知处理，再输出相应的感情、行动等反应。至于这些反应是对适应起到帮助作用，还是使适应难以实现，取决于认知处理是否正确。在认知疗法中，一个人的认知（理解认识）特性被称为认知模式。如果认知模式稳定均衡、灵活机动，那么这个人就很容易适应周围的环境；反之，如果认知模式偏误歪曲、缺乏柔韧性，那么这个人就容易与周边环境产生矛盾，不能很好地适应环境。

但是，认知本就是一种半自动功能，所以人很难察觉到自身认知的偏差。因为对于本人来说，那些认知就是“常识”，是理所当然的事情。自动进行的认知处理被称为“自动思考”。偏误的自动思考背后普遍存在着偏颇的想法（自我认定），认定“自己是个无能的人，不管怎么努力，结果都是失败”或者“自己根本没有可取之处，不会得到任何人喜爱”的人，常常会因为微不足道的失败或他人的闲言碎语而彻底否定自己的价值。

认知疗法就是对自动思考及其背后的错误信念进行修正，从而解决适应问题，使患者很好地适应环境。

但是，由于歪曲的认知是长年累月形成的，如果想要修正，就会遭到强烈的抗拒。越是认知歪曲严重的人，越不愿承认自己的认知偏误，他们会一直坚持“问题不在自己身上，而是存在于外部”。

不过，只要医生坚持耐心地引导，即使一开始会遭遇抵抗，但从某一刻开始，患者就会意识到自己的认知偏误。一旦认知开始改变，他就会发生一百八十度的大转变。他会开始发现，以前认为是别人惹到自己身上的那些麻烦，其实都源于自己内心的偏执。在学习如何轻松看待人生、如何充实度过人生的过程中，他内心的信念也将发生根本变化。

现如今，这种首先让患者意识到自身认知的谬误，进而主动加以修正的做法，已成为一种不可或缺的适应障碍疗法。

下面我来介绍几种较有代表性的认知偏误。

有损健康的五种思维方式

① 自我否定

自我否定是一种常见的、非常损己的思维方式。有些人尽管自身具备非常了不起的优点，但总是否定自己的价值，完全没有意识到那只是自己的错误认定，还坚信事实正如自己所想的那样。很多时候，自我否定来源于周围人的否定性评价，然后本人又内化了这种错误观念。

抱有自我否定意识的人，会不断地放大否定性思维。他们认为，自己没有任何价值，所以得不到他人的爱；谁也不会来帮助自己，而自己总是给别人添麻烦。也正是因为持有这种思维，他们做事总是畏首畏尾，四处碰壁，很难成功，而挫折和失败又加深了其自我否定的观念。想要摆脱自我否定的思维，首先必须认识到此观念的狭隘之处。

② 完美主义

完美主义也是现代社会常见的一种思维方式。完美主义者并未意识到，其实完美主义不利于生命个体的生存。完美主义多是个体为了弥补自我否定或自我认同感不足而产生的思想。另外，我们也常碰到这样的案例：抚养人给予的爱不是无条件的，而是有条件的，这导致被抚养人觉得如果自己不够完美，就不配被爱，也得不到他人的认可，从而间接地培养起了完美主义思维。

如果这个人尚能完善地处理各种事务，问题就不大；但如果眼前的问题不断增多，难以招架，最后顶不住了，完美主义者就会认为不完美的自己是毫无价值的，最后再也无法支持自己。

完美主义者多有“应当”思想：不把自己认为应当做到的事情圆满完成的话，就不罢休。另外，完美主义者也容易产生“非黑即白”“非此即彼”的极端思维，认为事物要么全是好的，要么都是坏的。然而，这个世界上并不存在完美的东西，所以完美主义者倾向于认定世上的一切都很糟糕。因此，完美主义的思维方式容易将人置于不幸的境地。

③ 依赖心理

抱有强烈不安感、无法真正自立的人较易陷入依赖心理，根本原因在于他们误认为仅靠自己绝对办不成事，养成了动辄依赖他人的习性。他们深信自己没有应对现实的能力，如果不依赖他人，一定活不下去。遇到重大的决策，他们就会认为与其自己决定，还不如让别人来决定。

之所以会形成这种依赖心理，是因为抚养者过度保护导致被抚养者长期依赖；又或者被抚养者被蛮横残暴的养育者所支配，难以获得自己决策的机会。不管抚养者是过度地保护还是冷酷地支配，都将产生破坏个体独立性的恶果。

其实，“自己一个人无法做到”不过是一个错误的自我认定，如果真的尝试去做，说不定也是可以做到的。多加训练，积累经验，自我决断力和独立能力也会随之提高。

依赖心理有几个变种。其中之一是“命由天定”的思维。因为深信个人的命运早被注定，不管自己再怎么努力，也不会发生改变，所以干脆放弃承担责任，放弃判断思考，放弃积极行动。迷信、算命、占卜就是依赖心理的一种表现。反过来说，一味地依赖占卜，人是无法获得幸福的。只有下定决心，誓要自己努力获得幸福，并开始为之付出智慧和努力，命运才会开始改变。

依赖心理的另一个变种，被称为幸福幻想。幸福幻想也是一种放弃自我努力的思考方式：幻想即使自己不努力，好运也会来临，然后就能获得幸福。不付出任何努力去追寻幸福，而是一味地等待着童话里的白马王子现身。可是，盼望的王子怎么会在不知进取、缺少魅力的人面前出现呢？

④ 过度普遍化思维

只要碰到过一个坏人，那么全世界就都是坏人——以偏概全的过度普遍化思维也是一种妨碍适应的认知模式。只因为一两次的不成功，便认定自己永远不会成功，然后放弃努力、陷入绝望，最后落得个悲惨结局；看不到世界的光明一面，只看到阴暗一面，这些都是过度普遍化思维的表现。反之，也存在过度理想化、过度轻信他人的情况。

人在精力消耗殆尽的时候容易陷入过度普遍化思维。一旦受伤，就觉得万物皆与自己为敌；求救的时候，却会把诈骗犯当成救世主。摒弃过度普遍化思维，客观地看待事实，就更容易适应环境，生活也会变得轻松。到那个时候人就会发现，曾经自己看待问题的角度是多么扭曲。

⑤ 混乱思维（自他混乱 / 事实与情感的混乱）

自己和他人的分界线称为自我边界，如果这条分界线划分得不甚清楚，个体就容易混淆自己和他人的立场，也容易将事实和自己的情感混为一谈。这种不成熟的人格结构多见于幼小的孩童，他们长大成人之后，头脑中也会残留这种混乱的思维。在父母强势主导、过度保护的情况下，孩子就容易遇到自他界线模糊这种问题。这是因为父母没有保障孩子的安全感，没有尊重孩子的独立性。不过，某些精神障碍或者迄今未知的发育障碍也会导致混乱思维。

混乱思维存在以下几种典型的认知模式："自我关联"，明明跟自己没有关系，却硬要认为原因出在自己身上；"投影式责任转嫁"，即使是自己的过错，也要归咎于他人；"被害妄想"，明明别人没有恶意，却认为自己受到了恶意对待；"感情逻辑"，完全凭着个人的主观印象判断事物、下定结论。

除了以上列举的例子，还存在其他各式各样的认知偏误。我们需要做到自我察觉，通过修正偏误的认知，进而改善适应，使生活变得轻松，好的机遇也会随之而来。

学会和外界和解

本章我们主要介绍了以下几点：羁绊缺失、欲望压抑会妨碍适应；追求优越的欲望与希望被他人接纳的欲望二者不能协调，就会引起不适应；幼年时期的经历会塑造一个人待人接物的方式；能否找到自己的生存价值，也会影响人对环境的适应；思维的认知偏误会妨碍适应，修正偏误的认知模式有助于开启幸福的生活。

归根结底，这些都是一个人与他人或者外界的融合问题。如果能与外界顺利地融合，人就能更好地适应环境；反之，如果在与现实社会的融合过程中遭遇了困难，或者忽视本质、片面地看待问题，就会产生各种障碍。

为了与现实社会顺利融合，我们有必要认清自己真正的目标，以及他人对我们的真正期许。

另外，很重要的一点是，我们需要认识到自己与外界的接触方式中存在的偏误，并且修正这些偏误，以提高顺利融合的成功率。

正如我们将在之后的章节中探讨的一样，这些操作或程序都是治疗适应障碍的必要举措。

第 3 章

基因如何影响你的情绪

在前一章节中我们了解到，如何看待自己与周遭环境的关系，最终决定一个人能否顺利适应环境。每个人都有自己的认知习惯和取向，偏误的认知妨碍人适应环境。虽说一个人的人际交往方式、认知取向、思维模式以及行事风格等大多数是后天形成的，但其中也有不少与天生特性相关。养育以及教育的影响固然重要，但仅从这些后天因素来解释认知偏误是不全面的，因为我们不能忽视诸如遗传特性、大脑器质这类生物学因素。

本章我们将探讨由遗传基因等先天因素决定的发育特性如何影响个体的环境适应，以及在弥补发育特性中的缺陷、发挥自身优势时需要关注的问题。

没有安全感，和基因有关

“××障碍”“××综合征”这样的病名可能会让人不自觉地认为它是某种特定的病症，但实际上这只不过是一系列关联症状的一个暂时名称而已。这些病名指代的是各种不同的遗传基因变种，也就是与各种遗传基因类型相结合的遗传特性。有些病名还包含偶发原因（可引发脑损伤的感染症和低氧状态等）导致器质性病变的影响。

在这些遗传特性当中，有些不至于引起发育障碍，但与很多人容易受挫的发育课题相关。

其中一个例子，就是“容易感到不安”的遗传基因类型。是否容易感到不安这种特性大部分是由遗传基因决定的，相关研究已经表明，这与血清素受体的基因组有关。在日本，“容易感到不安”的人群占总人口的三分之二，而其中的三分之一又属于特别容易感到不安的人群。

具有“容易感到不安”的遗传基因的人，经常依赖他人，独立性不强。由于怕生和紧张，他们适应环境需要时间。这类人容易受伤，病症容易拖延。当然，他们也容易产生压力，恢复所需的时间也比较长。他们患上适应障碍的风险也比不易感到不安的人高。

这种类型的人为了消除心中的不安感，多会选择向他人求助或者事前做好万全的准备。其实如能有效地活用，这会成为一种良好的特性。

此外，抱有强烈不安的人容易有“伤害回避”的倾向。伤害回避，是说比起承担失败的风险（哪怕只是一点点），这类人更倾向于选择一条安全、稳妥的路，这与他们谨慎、小心的性格有关，这种性格往往受先天因素的影响更大。

然而，环境因素也不能忽视。如果一个人的养育者患有神经质症、存在强烈的不安全感，这个养育者总是不停地给他灌输失败的危害，或者他经常因为失败而受到指责，那么他伤害回避的倾向就会加强，并且变得胆小怕事。养育环境能够加强或是削弱这种天生的遗传特性，因此，即使是拥有同一遗传特性的个体，也会产生巨大的差别。

如果一个人伤害回避的倾向加强，他就会容易抱有这样的想法：“如此艰巨的挑战，如果我失败了，那就丢脸了；如果最后出丑，那还不如什么也不做。”结果就会陷入消极的人生状态当中，自我潜力最终也只能被开发出一小部分。

此外，伤害回避倾向较强的人往往尽量避免冲突和摩擦，过度地顺从养育者以及其他重要的人，倾向于抑制自己的想法和情感，致力于做一个好孩子。虽然短期内也能进展顺利，但从长远来看，这种特质会使个体的主体性与自我认同变得模糊，也会导致难以自立等问题。

对于怀有强烈不安的人或是伤害回避倾向较强的人，避免出现适应障碍的关键在于和亲密之人保持稳定的关系。如果身边有一个能成为

“安全基地”的人存在，那么他们将可以生活得很好；相反，如果他们和自己依赖、眷恋的人关系紧张，则会产生巨大的负面影响。因此，保持和亲密之人的稳定关系是首要的。

另外，这种类型的人容易过度在意他人的想法，而使自己疲惫不堪，所以，人际负担过重或者人际关系过于亲密都有可能对他们产生消极的影响。除了支持自己、对自己来说十分特别的人以外，只与极少数人保持适当距离的关系会有助于其更好地适应环境。

怀有强烈不安倾向的孩子对于缺爱十分敏感，容易缺乏安全感。对人的依恋容易变得不稳定，长大了仍离不开母亲，难以独立，过度依赖他人。因此，养育者可以在孩子年纪尚幼的时候给予其大量的安全感和宠爱，在孩子读小学以后再留心培养其自立能力。

新奇性探究者与ADHD

“新奇性探究”是与发育和性格有着密切关系的遗传特性之一。新奇性探究指追求新鲜感及刺激的倾向，它与多巴胺D4受体的遗传基因类型有关。如果某人的多巴胺D4受体基因排列反复冗长，此人很可能具有强烈的新奇性探究倾向。

对于父母来说，新奇性探究倾向强烈的孩子往往很难管教，他们在婴幼儿时期容易对父母抱有焦虑型依恋；学童时期，容易患上注意力缺陷、多动障碍（ADHD）；到了青春期，行为不轨甚至吸食毒品的可能性很大。一般认为，原因是青少年好奇心过剩，误入歧途，进而依赖毒品；也有可能是孩子从小经常被否定，从而将毒品当成自己的避风港。

不过，也有报告显示：如果新奇性探究倾向强烈的孩子能在一个安定的环境下长大，就不会出现那么多的不良行为，他们与父母之间的关系也会很稳定。

携带此类遗传基因类型的人身上常见的问题有：注意力不集中，容易走神；不仔细推敲对方话语的意思或文章中的内容，常常想当然地做出判断，从而导致巨大的错误；全神贯注时容易感到压力大，没有毅力，不擅长坚持；做事情容易手忙脚乱，不擅长整理东西；在人际交往上情绪反复无常、情感淡漠、容易变心；喜欢寻求具有危险性的刺激，容易挑战失败；等等。

另外，这类人喜欢冒险，富有洞察力与行动力。

有研究表明，每十个人里就有一人是这种强烈新奇性探究倾向的遗传基因类型携带者。而且，这一基因类型在游牧民族以及习惯迁徙的民族中尤为常见。也就是说，这种遗传基因在和平年代是阻碍物种适应的重要因素，但在动乱年代却有利于延续种族的生存。

新奇性探究倾向强烈的人，不喜欢定居生活，不适合单调的行政事务工作。这类人由于不够细心，因此经常犯错，长期坐在同一个地方工作对他们来说是一种巨大的压力。

他们适合那些能一直“动起来”的工作。追求新兴事物，往往也意味着感情淡薄。实际上，无论是对人还是对土地，他们往往都抱有一种缺乏依恋的倾向，搬家、更换工作或许更能成为他们的活力剂。

相反，如果一直被束缚在一个地方，这种类型的人往往不能发挥自己的优势，只能取得平均水平以下的成就。他们适合到处飞来飞去或者能不断接触新鲜事物的工作。相对于那些追求精确的工作，他们更适合那种只凭大致的感觉就能胜任的工作。由于不擅长整理收纳，他们的物品常常凌乱不堪，并且因为无法熟练地规划自己的时间和计划，常常迟到或是错过截止日期。

这种类型的人有自己的办事节奏，所以相较于留在组织中工作，他们更适合自己创业。在这类人当中，已经获得成功的大都是个体经营者或者自由职业者。如果想要在组织中顺利地工作，他们有必要配一个代替自己去处理事务性工作的秘书。

这种类型的人如果成为管理者，未经深思熟虑就实施举措，往往会给周围人带来困扰，甚至还会因不善管理而难以维持组织的稳定运转。换言之，这种类型的人伴随着自己的升职，会越来越感到压力巨大。只要明白了这一点，在结束居于人下的日子后，他们便会毫不犹豫地选择一条独立的道路。因此，年纪轻轻就选择自主创业的人也很多。自主创业既可以发挥他们勇于冒险的优势，又能按自己习惯的节奏、步调去做事，大大减轻了压力。

不过，出于稳定性的考量，最近这类人选择继续留在组织中的情况比过去增多了。但是，这些留在组织中的人往往很容易感到痛苦。如果组织采用扣分制的考核方式，经常失误的他们必然在业绩排名中处于劣势。他们不适合任职于政府机关或一般企业，如果碰上一个很严厉的上司，他们会感觉自己被压得喘不上气。只有在悠然自得的环境下工作，这类人才能充分地发挥出自己的长处，从这点来看，他们其实是非常不幸的。

对于这类人来说，为了实现自立，趁着年轻就应该有计划地考取多种资格证，提高专业技术。

虽说这类人处理日常事务、整理归纳的能力较为不足，但通过加强训练，形成习惯之后，这些问题也可以得到一定的改善。关键是要养成“做好计划、严格遵守”的习惯。此外，在自己不擅长的领域，找到一个优秀的工作搭档以弥补自己的不足之处也是十分重要的。

国际知名品牌本田的创始人本田宗一郎在年轻的时候非常爱冒险，好几次差点因此丧命。大概他就是这种发育特性类型的典型代表。在制造方面他是天才，但是他不爱学习，最初创建公司时也总出现糊涂账。虽说运作一个小小的村镇工厂不在话下，却难以把公司发展成为世界一流的大企业。后来，他遇到了藤泽武夫。藤泽武夫是经营方面的专家，具有超强的公司管理能力。正是因为这两个人的优势能够互补，本田公司才得以发展壮大。

挖掘学习障碍者的优势

新奇性探究倾向强的人，往往伴随着一定的学习障碍。所谓的学习障碍，并不是指不擅长学习，而是与其自身所具有的能力相比，个体在某个特定领域表现出极其低下的学习能力。比如，有些人智力水平正常甚至超群，却不能流利地朗读或书写文字。人们常说的儿童发育障碍之中，最为高发的就是学习障碍。虽然其中少部分患者并没有多动症和粗心大意的情况，但仍有约三分之二的患者伴有多动、粗心和急躁的倾向，这是同时患有注意力缺陷障碍和多动症障碍的症状。

学习障碍中具有代表性的，是读书、写字困难的“读写障碍”，以及难以理解计算和数学概念的“算术障碍”。新奇性探究倾向强的人往往具有较强的动手能力，乐于在实践之中学习。因为他们很不习惯使用文字、数字、记号等抽象符号来理解事物。

在漫长的历史进程中，拥有这种特性的人将近一成，说明这种特性对于人类生存是有利的。可是现如今，人人都要上学，人人都要学习文字和算术，这种特性与时代潮流之间的矛盾也渐渐凸显。这就意味着要求所有人学习同样事物的教育制度存在不合理的地方。

总的来说，“学习障碍”可以说是所有人都接受同一教育模式的副产物。不必把“障碍”看成消极的东西，而应该把它作为一种特性，让它发挥出最有利的一面。不管是对学习障碍者本人还是对社会来说，这都会成为一种积极的做法。

不可思议的是，患有学习障碍的人大都会在某些方面展现出非凡的才能。比如，人们所熟知的著名演员汤姆·克鲁斯、美国前总统约翰·肯尼迪、数码印刷企业“金考公司”创始人保罗·奥法里，都是学习障碍者——汤姆·克鲁斯患有识字障碍症，肯尼迪是书写障碍者，奥法里则是患有严重读写障碍的ADHD患者。

实施个性化训练方案

虽然学习障碍有多种类型，但经过认真调查就会发现，其中很多障碍源于个体某方面的基本功能出现了问题，比如眼珠转动过快、追视异常。一个人在过度转动眼珠去追视某种事物时，很难专注于某项共同的话题或事情（“共同关注”），就会导致阅读困难、写字吃力、不能专心誊写等问题。这些问题慢慢积累起来，不仅会形成学习障碍，甚至会发展成社交障碍。这是因为（正如后文提到的一样）共同关注是个体培育社会能力的第一步。

另外，无法凝视也是一个大问题。不能很好地集中注意力的孩子，很难做到目不转睛地看着一件东西，他的视线很快就会转移。因为不能完全看清事物的全貌，仅凭短暂的印象去判断，由疏忽导致的失误便会增多。失误一多，无论是谁，都会失去自信与动力，长此以往就形成了“学习障碍”。

此外，还有一种不容易被察觉的学习障碍，即听力低下。患有听力低下障碍的人，在与人交流时只能在脑海里留下部分对话信息，打电话时不能很好地理解电话里的内容，因此容易传达失误。

医生对听力低下的人进行检查后发现，他们当中的大多数人大脑听觉功能区域的记忆容量较小。记忆容量是指储存个体听见和读取信息的大脑空间。因为记忆容量小，他们在进行长时间对话的时候只能记住结尾部分的内容。记忆容量小的人，重要的是要学会充分利用记事本，千万不能不懂装懂。听不懂的时候一定要再次询问对方，为了防止漏听，自己还应该把关键的地方复述一遍。

然而，这种类型的人多数不擅长边聆听边做笔记，因而有必要对他们进行专门的训练。但令人遗憾的是，目前几乎还没有医疗机构能够实施这种治疗。

笔者的诊所致力于在详细分析学习障碍的原因之后，针对不同的患者实施个性训练方案，也就是所谓的“定制治疗”。患者经过治疗之后，在学习、行动、情绪以及社会能力等方面都取得了一定的改善效果。

固执的人更希望获得尊重

受遗传因素影响较大的另一种特性是固执性。固执性是指个体执着于某件事情，反复实行同样的行为动作，试图维持同一个状态的倾向。固执性往往会阻碍适应，这一点不难想象吧？固执，换一种说法就是缺乏灵活性。

固执的人就算意识到自己走错路了，也不会停下来掉转方向；就算隐约感觉自己出错了，因为惯性却仍继续前行；有时就算对方已经现出厌恶的表情，他也还是不停地反复唠叨；即使心里明白如果不改变方法就没办法说服对方，却仍然坚持自己的做法，以至于最后触碰到对方的逆鳞。

根据实际情况，灵活转变方向或调整方针，这对于固执的人而言是有难度的。固执的人一想到自己出错了就会更加焦虑，然后很容易重蹈覆辙。即使他明白当下的方法行不通，能想其他办法，也无法转变。

此外，固执的人往往一意孤行，不接受他人的意见。与人交谈时，他们顽固地坚持自己的想法，不愿妥协、让步，从而使自己处于被孤立的境地。即使被他人指出了自己固执的毛病，他们也不愿意承认，不会轻易地改变自己的固执性，这也是此类人的特点。

我们常常看到，比起强行改变他们固执的倾向，不如首先尊重他们的个性，给予他们安全感，反而能提高他们的灵活性。越是强迫他们改变，他们就越顽固。在这种情况下解决问题的关键在于，多让他们体验与其他人相同的经历，从而让他们学会理解别人的感受。

固执性与前额叶皮质区的功能密切相关。若前额叶皮质区的运作出现问题，个体的固执性就容易加强。由强烈的固执倾向引起的典型病症有孤独症谱系障碍及强迫症、强迫型人格障碍、偏执型障碍、偏执型人格障碍、癫痫等。

孤独症指具有社会性、沟通障碍以及固执性等特征的状态，包括较为轻微的症状，也称孤独症谱系障碍。强迫症指不由自主地重复某些特定行为和想法的状态，典型症状如反复确认是否锁好门或反复洗手等。强迫型人格障碍的症状是过度拘泥于秩序与义务，不知变通，要求他人按照自己的方式行事，易与周围的人产生冲突。偏执型障碍的症状是抱有妄想，一味地沉浸在自己的想法中，且这种想法会不断升级，以前曾被称为偏执狂（偏执症）。偏执型人格障碍的主要病理表现为极度多疑，即使是身边亲近的人也不信任，容易陷入一种执念当中。

即使还没有严重到被诊断为疾病，抱有固执性倾向的人也不在少数。固执性强的人，也被称为“执着型性情”或“忧郁亲和型性情”。他们十分珍惜自己与依恋对象之间的关系，一旦关系不稳定，就会感受到巨大的压力。而失去依恋对象也有可能致使他们患上抑郁症。

因此，固执性强的人对待环境的改变通常抱有强烈的抵触感。他们试图维持熟悉的行为和环境。环境突然变化会让他们倍感压力，有时甚至会陷入恐慌。因为他们不会灵活地应对环境的变化。

对于此类人来说，人员调整或岗位调动都会导致巨大的压力，特别容易引起不适应。为了避免出现不适应的问题，我们平时应努力提高自己的适应能力。

举个例子，固执性强的人在外面吃饭会一直选择同一家餐厅，坐同一个座位，点同一道菜，如此持续好多年，因为这样做可以让他们感到非常安心。

但是，这样的适应策略反而会降低自己的适应能力。其实偶尔尝试不一样的餐厅、不同的菜肴，改变一下自己的行为方式，可以提高自己的适应能力。如果你认为只不过是换了一道菜而已，那就大错特错了。俗话说“牵一发而动全身”，即使只是微乎其微的细节做了改变，也会引发生活的大变化。

然而，如果一下子改变得太多，他们就会感到很不安，压力也会越发增大。所以，在环境发生变化的情况下，保留一些熟悉的物品或者和一些亲近的人保持联系，避免突然引起激烈的反应，是很重要的。

常与固执性一同出现的是敏感性。这一类型的人对于声音、气味以及环境等变化过度敏感，患有发育障碍的人群中广泛存在这一问题。敏感性也是受生物学因素影响较大的一种特性。

这样的敏感性与过敏症状一样。有些刺激对于普通人来说不算什么，却会对这些人造成明显的压力。得不到周围人群的理解，一味地让他们容忍，反而会导致敏感性加强。不如尊重他们的个性，使其安心，其敏感性多会渐渐平缓。

喜欢独处的人，也不可逃避社交

一般人都喜欢和同伴一起行动、一起聊天，人与人相互来往，聚集起来形成村落和城市。然而，也有一些人更喜欢独处的感觉。

人喜欢独处的原因有很多。有人是因为成长过程中缺乏关爱，发展成为回避依恋型人格；有人则是受遗传因素的影响，包括基因变异与基因组合。

其中一种广为人知的变异是DISC-I遗传基因变异。属于这种变异类型的人易产生社交快感缺失的症状。也就是说，他们与他人在一起时感觉不到快乐。他们对与他人共同行动提不起兴趣，常常一个人单打独斗，缺乏合作协调的能力。所以，此类人患上统合失调症、孤独症等病的风险比较高。

除了这种遗传变异之外，近几年来比较受关注的是催产素受体遗传基因的多态性。催产素受体遗传基因的多态性有很多种，其中有一种多态性类型的人群对待人际关系表现消极，容易感到强烈不安，理解和接受能力低下。这些特征在孤独症患者当中也很常见。

催产素受体和依恋有着很深的关联，如果遗传基因变异导致催产素受体机能低下，该个体就难以培养依恋情结。

从古至今，不喜社交、偏爱孤独的人不少，这种性情曾被人称为

“精神分裂”。其中一部分人是由于遗传基因的影响，患有社交快感缺失症，所以喜欢独处。

然而，即使发生了遗传变异，被诊断为疾病障碍的人也只占了百分之几，甚至更低。这说明只有当遗传基因发生多次不良变异，或是不利的环境因素多重叠加的情况下，才会导致疾病障碍。也就是说，发病与否并不完全由遗传因素决定。因此，即使不喜欢社交，我们也不应该逃避，而应努力地抓住机会进行适当社交，提高自己的社交技能。说不定你会从此喜欢上社交，甚至变得擅长社交。

情绪应答，是社交的第一步

人类培养社会能力、学习与他人交流的最初阶段是孩子与母亲对视，用表情进行沟通交流。母亲冲孩子笑时，孩子也会笑着回应母亲。比如，母亲跟宝宝玩躲猫猫，她用双手遮住脸，逗宝宝说“不见了，不见了”，然后打开手说“呀，妈妈出来了”，宝宝会表现出很有趣的表情。这种反应表明宝宝踏上了社交的第一步——情绪应答。

如果在这一阶段，孩子丝毫不与母亲进行眼神交会，或者没有关注母亲的表情变化，就意味着孩子没有跨出最初阶段的第一步，这一点需要格外注意。首先，妈妈与宝宝说话要经常看着宝宝的眼睛，并且对宝宝的微小举动予以更多的回应，努力丰富与宝宝的互动，因为在这个时期，问题还来得及解决。

然而，即使及时地解决了上述问题，也不能掉以轻心，孩子的社会能力是否正常发展将在出生后九个月左右迎来关键的分水岭，那就是“共同关注”这一成长发育问题是否得到了顺利解决。

共同关注是指个体与他人同时关注一个事件或物体的社会认知能

力。比如，当孩子发现妈妈注视着某样东西时，也将自己的注意力投入当中，对妈妈关注的东西表现出兴趣，想要跟妈妈一起观看。一到这个时期（出生后九个月左右），正常发育的孩子便能自然而然地达成共同关注。

然而，患有孤独症谱系障碍的孩子不能很好地达成共同关注。他们对妈妈关注的对象毫无兴趣、心不在焉，只盯着自己感兴趣的东西，或者自顾自地发呆。即使妈妈对他们说“快看呀，看那儿”，他们也不为所动，或者无法理解妈妈想要表达的意思。

共同关注之所以重要，是因为孩子只有在这个阶段具备了共同关注的能力，往后才有可能跟他人共享兴趣，并从此开启沟通交流的新阶段。当宝宝能把母亲所说的话和对象物结合在一起，在情境中学习语言的过程就开始了。此外，共同关注还关系到建立个人的“心理理论”，即理解他人的意图与感情等的能力。正常发育的孩子在4岁之前就能确立自己的“心理理论”，能站在他人的立场上理解对方的意图和感受，而患有孤独症谱系障碍的孩子则要到8岁甚至10岁才能做到这一点。

为何不同个体的共同关注能力存在差异呢？其中一个有力的解释是，有些孩子会因为与他人分享而感到开心，另一些孩子则相反。共同关注障碍也被认为是孤独症的早期表现，如前所述，这一点可能与遗传因素有关。

另外，受到母亲虐待的儿童、依恋关系不稳定的儿童也容易欠缺共同关注的能力。在受人压迫的环境中长大的儿童对他人漠不关心，也会患上共同关注障碍。孩子受到关爱的多少与共同关注的发展程度成正比。

如上所述，共同关注的发展受到遗传因素与养育环境因素两方面的影响。

如何让孤独症患者更好地生活

孤独症谱系障碍的特征是社交障碍与固执性，其中一种智力和言语发育正常的类型被称为“阿斯伯格综合征”。

阿斯伯格综合征患者不仅在能力上不逊于他人，在某些特定领域还会表现出异于常人的兴趣和天分，在自己的专业领域表现卓越。他们虽然不太擅长与人打交道，但对于物体与数字的操控能力却很突出；虽然在日常会话中沟通能力差，但对抽象语言却运用自如。因此，他们当中很多人能够成为杰出的程序员、工程师、学者。

然而，他们对待人际关系比较消极，不擅长协调周围的环境，容易被孤立。而且，他们性格十分固执，兴趣面狭窄，在同他人交流的过程中，不习惯妥协让步，容易出现极端的反应、钻牛角尖。很多患者有神经敏感的倾向，容易感受到压力。

由于这些特性，他们容易遭遇适应障碍，即使拥有出色的才能，也很难发挥出来。对于企业来说也是如此，如果不能让这一类人充分发挥才能，反倒令其不幸地患上抑郁症甚至最终崩溃，公司未来的发展也会受到阻碍。其实，这类人具有最强的专业性和创造性，是一群能推动企业飞跃发展的人。如何有效地运用这种类型的人才，对企业来说是一个重大的课题。

因此，重要的不是让他们来适应企业的结构，而是在兼顾员工个性的前提下，构建一个适合他们的企业。

在硅谷，孤独症谱系障碍的发病率已超过10%。这个数字还仅是该地区儿童的统计结果，IT企业员工的患病率想必会更高吧。他们之所以能够完美地完成工作，是因为企业为他们提供了舒适的工作环境，比如设置弹性工作时间、允许居家办公等。

此外，在业绩考核方面，用客观标准取代主观评价也很重要。下列模式更适合这类员工：评价的标准不是上级领导和同事的主观看法，而是依据自己的业务数据进行纵向比较，并以此为竞争点。

在这一方面，虽然日本的企业也逐渐开始转变，但它们的横向意识依然很强，更倾向于培养能力均衡的职员。可以说，日本企业培养专业型人才的体制还不完善。

为了避免阿斯伯格综合征患者产生适应障碍，帮助他们顺利地融入社会，我们有必要对他们社交能力不足、固执、过度敏感等弱点给予理解，不管是在家庭、学校还是在企业中，这一点都是很重要的。

一些致力于促进交流与帮扶的组织可以弥补他们在社交方面的不足。许多大学的研究室采用心理援助制度，热心的长辈会给予阿斯伯格综合征患者关心与指导。如果他们遇到任何困难，都可以及时地得到沟通、获得意见并做出积极调整，这些举措对于防止他们精神崩溃是非常有效的。

如果心理援助中心和前辈的指导能够成为阿斯伯格综合征患者的“安全基地”并充分发挥作用，他们就能安心地工作和生活。

医疗机构的心理咨询专家也可以担当这样的角色。笔者的诊所里也采取了这类方法，医生和生活顾问都在心理支援方面发挥着重要作用。

当然，提高阿斯伯格综合征患者自身的社会能力也是很重要的。与其说他们不具备这种能力，倒不如说是因为他们对社交和人际关系缺乏关心，因而少了很多锻炼的机会。实际上，即使是原先不擅长社交的人，经过社交技能训练，社交水平也会得到明显的提高，这样的例子不在少数。

另外一个问题是阿斯伯格综合征患者的固执性和过度敏感性。要使他们能够安心地生活，首先应该为他们创造一个有利于减压的外部环境。

我们也要努力配合他们，为他们制定有序的生活规则和机制，制定流程，减少混乱。等到他们慢慢地培养出了安全感，再循序渐进地增添变化，从而使一成不变的准则逐渐调整为较为灵活的模式。

进入青春期之后，人人都会产生强烈的自我意识，自我觉醒、有意识地改变自身特质的时期已经到来。即使个体之间存在差异，但只要具有这种自我改善的想法，每个人就可能产生提升自我的巨大原动力。所以，我们需要激发阿斯伯格综合征患者的这种想法，或是推动他们朝着这个方向前进。

第4章

不同类型的人如何掌控情绪

在遗传特征与环境因素的双重影响下，人的思考方式与行动类型逐渐成形。这便是人格。人在15岁左右时人格尚处于变化不定之中，但是过了18岁，人格就开始趋于稳定。一个人的人格基本上会在25岁之前固定下来。这个确立的人格既反映了个体成长发育的特性，也反映了依恋的类型，并以最终形态呈现出来。

人格的差异也体现在适应策略上。不同的人格会采取不同的适应策略。因此，在考虑适应时，有必要将人格特性牢记在心，然后再思考应对方法。因为某种应对方法可能只对某一类型人格的人有效，而其他类型人格的人则完全无法套用。

本章节将观察不同类型人格的人所持的信念与适应策略，同时思考以下问题：适应在哪些方面容易受阻？哪种介入方式是有效的?

回避型人格障碍

特征以及易陷误区

回避型人格障碍是以极力避免受伤的危险这种适应策略为特征的一类人格障碍。这类患者认为，接受挑战、承担责任、进行抗争等行动都具有失败或受伤的危险，索性彻底回避，以此来确保内心的安定。他们与他人的交往只停留在表面，避免深交；满足于远低于自己实力的工作或职位，排斥负担的增加。

之所以采取如此消极的策略，根本上是因为他们对自己的评价过低。他们认为，自己既没有能力，也没有长处，所以不管怎样都会失败。而这种自卑感多是源自童年经历，患者从幼年起就总是失败，被人议论，心灵受伤。很多患者都表示，自己从来“没有被人表扬过”。

虽然回避型障碍患者大都采取了“安全第一”的适应策略，但讽刺的是，他们未必能够守住安全。竭力避免危险，反而越容易遭遇危险，这就好比小时候经常接触各种细菌的人往往具有较强的免疫力，但如果某人成年后才感染病菌，即使病菌毒性很弱，也可能因此而丢掉性命。回避型人格障碍患者总是想要避免受伤，却往往事与愿违。

实际上，回避型障碍患者很容易产生适应障碍。这类患者在逃学、旷工的人群中占比相当高，他们也很容易陷入抑郁和不安的状态。或许“容易感到不安”也与遗传因素有关，但如果只是一味地回避困难，人的适应能力将会逐渐降低。

改善适应的要领

回避型障碍患者极度缺乏自信。他们对于自己的评价总是远远低于实际情况，生活中总是低着头，避免与他人的目光接触。他们并不是不想成为焦点，而是抗拒被人关注所带来的压力。

虽然他们也希望被人表扬，但褒奖本身也会成为负担。因为一旦被人表扬，自己就会想着下次不能失败。他人的期待是一种沉重的负担。他们希望避开任何人的注意，自己轻松地做事情。尽管心里还是想要被人认可，也希望取得成绩，但这些光是想想也就足够了。

对于回避型障碍患者，我们必须避免给予否定性的评价。与其直接指出其不足之处，不如点评他们做得好的地方。不过，为了不给他们增添压力，无须过度表扬，只是轻描淡写地告知结果便可。如果回避型障碍患者感觉自己被他人寄予了厚望，反而会想要从这种压力中逃离。

这一类人产生适应障碍，大多是因为失败之后遭受了他人的批评，自己本就缺乏的自信心由此彻底破碎。他们觉得自己已经一无是处，害怕再次失败，受到斥责和嘲笑，因而不愿积极地采取行动。

所以，为了让这类人从挫折中重新站立起来，我们得让他们自己慢慢恢复精神。直面失败，吸取教训，重整旗鼓，这样当然是最好的，但对回避型障碍患者来说却很困难。因为一次失败就能对他们造成重大打击，甚至出现精神创伤。不如先让他们从事其他工作，获得一定的成就感，以增强他们的自信。

依赖型人格障碍

特征以及易陷误区

依赖型人格障碍与回避型人格障碍相似，都很缺乏自信，但依赖型障碍患者采用了另一种策略来填补自信缺失。依赖型人格通过依赖他人来获取安全感，为了确保安全感，他们绝不违背他人的意见，而是顺从他人的意志，从而顺利地被他人接受，获得他人的庇护。

依赖型障碍患者常感到自己无能，一无是处，他们对发号施令者唯命是从，想借此逃离不安全感。

对于那些从小受父母支配、顺从父母意志的人来说，这样的适应策略可以说是最合适的。因为提出主见很有可能会遭到否定。所以，他们认为，不主张自我、顺从他人意志就能讨人喜欢。

但是，这种策略显然具有危险的一面。如果自己服从的对象是善良的人，也就罢了；但是万一对方怀有恶意，自己没有抵住诱惑，就会被他人利用，在不知不觉中受到压榨。不光金钱上会受到损失，甚至可能成为对方犯罪的帮凶，还有可能在心理层面或性方面被人控制。

此外，依赖型障碍患者长期通过察言观色来取悦他人，极其容易精神疲劳。这种类型的人往往具有较强的奉献精神，即使把私事推后，也要先照顾他人，由此引发适应障碍乃至陷入抑郁的例子也不在少数。

正因为如此，这种类型的人常疲于社交，一方面依赖人际关系，另一方面又因为人际关系而承受着巨大压力。通常在保持距离的初期阶段，人际交往十分顺利，但随着两人距离的逐渐缩短，依赖型障碍患者一味地接受别人的请求，过分地讨好别人，反倒使自己在复杂的人际关系中一筹莫展。

改善适应的要领

换句话说，“顺从对方、依赖对方”的策略等同于没有自己的主见，即使有，也不愿表达出来。如果一直这样下去，即使能够得到他人的认同，结果却无法活出自己的人生，始终活在别人的人生中，归根结底行不通。不明确自己的想法，就会不知不觉渐渐地失去自己的意志。“好孩子”一般的行为举止，实际上恰恰是该类型障碍患者的适应。

说出自己的想法，或许有时会受到谴责、被人反驳，甚至与一部分人反目，失去眷顾，却能找回最重要的东西，那就是主体性。自己思考，自己判断，自己为行动承担责任。从结果上看，恢复主体性最终能够增强这类患者的适应能力。

然而，对于长年习惯顺从他人的人来说，突然要求他们表达自我的主张，这就有些困难，也有很多人对此感到不安。

在这种情况下，他们可以采用适当的措辞，接纳他人意见的同时也委婉地传达自己的想法，比如使用“这确实是事实，但我觉得也许……”“确实如您所说，不过我认为……”等说法。

依赖型障碍患者表达自己的观点时，若能得到周围人的重视，他们说话的底气就会逐渐变足，受他人支配的情况也会逐渐减少。由此，他们意识到只要自己有决心就一定能做到，一味地依赖别人反倒会降低自己解决问题的能力。

这种类型的人刚刚开始申明主见时，难免会与一直以来依赖的对象产生摩擦，这正是他们摆脱依赖、走向自立的证明。

强迫型人格障碍

特征以及易陷误区

强迫型人格障碍是以严格拘泥于秩序规则为特征的人格障碍类型，其适应策略是严格遵守约定、计划、条例等固定路线，以此弥补自己欠缺的判断力和自信心。这种类型的人也具有强烈的不安全感，害怕自己思考、判断以及独立行动，但他们不像依赖型人格障碍患者那样习惯依赖他人，而是依赖既有的框架和规则，以此来消除对于自己进行判断的不安。

这一类人格障碍患者比起自己判断、行事，更倾向于按部就班。他们常常得到他人的肯定，获得正面反馈的次数多了，也就更加乐意按照计划行事。当然，这也与固执性的遗传特征有关系。此外，还多与“容易感到不安”的性情有关，该类型患者通过按照计划行事来减轻这种不安。

其实这种策略对于大型组织的管理来说是不可或缺的，也适用于长期性的大型项目规划。现如今的社会复杂而巨大，管理者必须保持公正、理性，遵循规则行事。而这种类型的人能够遵照规则，准确细致地开展工作，组织越大，越需要这种人格类型。

但是，这种类型的人不擅长随机应变及表现自己的想法。他们好像离开程序就无法运作的机器人一样，很难凭着自己的感情行动。也就是说，虽然他们具有从业者的能力，但是一旦涉及较为私密的领域，他们的做法就会显得古板、笨拙。过分迂腐，拘泥于社会习俗，会使周围的人敬而远之。这一类型的人会产生适应障碍，往往是因为他们是非黑白过于分明，进而常与他人产生不必要的摩擦，甚至遭到孤立。

还有一个重要的原因是他们具有强烈的义务感和责任感。即使并非自愿，他们也非要一板一眼地完成工作不可，从不潦草应付，这就很容易导致超负荷工作。一直以来，这种类型的人是最容易抑郁的。

改善适应的要领

对于这类人格来说，改善适应的关键是以下两点：

首先，为了减少与周围人的摩擦，避免成为人缘不好的人，就不能仅从规则的角度去看待一切，也要重视人性与温情，斟酌情况，接受例外，有意识地表达一些关怀他人、引起共鸣的话语。

对话主题不能仅仅围绕着客观知识，也要适当地进行自我展现，表达自己的感想与体会，还要多关心对方的状况和感受，以分享的心情展开对话，而非只谈论严肃的话题或抽象的事物。尤其不能把自己的价值观和行事方法强加给别人，毕竟，强迫型障碍患者经常无意识地对他人进行说教。

其次，为了不成为责任感和义务感的牺牲品，应当优先处理要务，不要总想着将所有事情都做到完美。这点也很重要。

在新的一天开始时，先把待办事项分出轻重缓急，制作成一张列表，按照顺序依次处理；当天无法完成的任务，就承认自己力有未逮，将其推迟到第二天去做。合适的工作目标并不是全面完成所有任务，而是节约劳力、高效地工作，保持内心的从容；不用胡拼蛮干，心里记着自己能够在期限内完成就好。

不管是多么重大的任务，如果自己确实办不到，就应该明确地表达“自己无法完成”；如果接到了不合理的要求，也不应出于责任感就一口答应。“凡事务必亲力亲为”是这类人特有的思维，但实际上周围还有空闲的人，完全没有必要自己包揽一切、劳心伤神，要学会明确地说出“我们一块儿来”。

自恋型人格障碍

特征以及易陷误区

自恋型人格障碍以夸大的自我价值感和自我表现欲，缺乏与他人的共鸣、任意地压榨他人为特征。这类人将自己视为高人一等的特殊个体，目的是保护自我，“自恋防卫”是其适应策略的特征。他们无视现实情况，仅凭自己夸张的愿望与理想就将自己视为特别个体。因此他们认为，比自己低等的他人理应受自己驱使。

比起与他人和睦相处，自恋型人格障碍从小就更渴望被评价为“特别优秀”或“第一名”。如果父母拥有强烈的自尊心，孩子可能会瞧不起他人。更常见的情况是，他们想通过夸张的愿望来弥补自身的劣等感——这类人的内心深处往往隐藏着某种自卑意识和耻辱经历。

这种认为“我比其他人优秀”“我是特殊个体”的自恋型防卫策略具有积极的一面，很多时候会成为个体取得巨大成功的原动力。但是从另一个角度来说，这种适应策略也伴有导致个体走投无路的风险。

态度傲慢、缺乏同情心的人，必然容易遭到孤立，很难获得他人的帮助和关照，还容易与周围人发生摩擦与冲突。这类人即使这时采取咄咄逼人的进攻策略，赢得了辩论或争执，却会失去他人的好感，最终陷入四面楚歌、孤立无援的境地。

随心所欲地利用并剥削他人，尽管可以获得眼前的利益，但总有一天会招致他人的背叛与排斥，一朝败落，自身便会加速消亡。

如果现实与理想差距过大，他们就很容易陷入另一种状况。从现实中无法获得自我满足时，他们会窝在自己的“王国”中，以期获得补偿性的心理满足。在自己的“王国”中，家人充当下人，对自己唯命是从，自己宛若帝王称霸，沉湎于空想世界。

遇到压力的时候，自恋型障碍患者的典型反应是“善恶二元化”处理。对于自己有利的东西，视为善，纳入自己的世界；对于自己不利的东西，视为恶，一律排斥。在这个过程中，他们必然会歪曲现实。为了保护自己的夸张愿望，使自己安心，便只接受对自己有利的事物；可能对自己的夸张愿望造成伤害的，不管是事实、人还是信息，全部排除出去。空想与现实的界限容易变得模糊不清。为了将现实转换成对自己有利的模样，他们多善于空想。比起直面冷酷的现实，他们更倾向于随意地屏蔽现实。如果夸大的自我价值受到损害、批判和侮辱，得不到外界的赞扬，自恋型障碍患者就会产生强烈的压力。一旦连支撑自恋的东西都丧失了，他们就更容易受到打击。

他们容易通过否定现实来回避问题。哪怕是正当、合理的批评，也会认为是吹毛求疵。他们不愿意听取他人的意见，认为自己遭受了他人不公平的对待，希求通过这样的做法来避免内心受到伤害。

如果已经采取了这些应对方式，情况仍然严重到几乎无计可施，他们就会从外界寻求抚慰。比如，否定针对自己的批评，试图寻找肯定自己、赞赏自己之人，紧紧地抓住可以庇护自己的事物。通过这些手段，他们想方设法恢复受伤的自尊。

接下来，他们会采取如前所述的极端化应对方式。青睐对自己有利的事物，并给予高度评价；排斥对自己不利的事物，只给予较低评价。对于配合自己理想的事物，他们热切地想要去接近；对于脱离自己理想状态的事物，则报以轻蔑、冷酷的态度。

如果这样的防卫策略都不能顺利地应对问题，自恋型障碍患者就会难以自持，方寸大乱，失去条理，沦落到不可收拾的地步，具体表现为耻辱感、无力感、抑郁、恐慌、混乱、人格分裂、妄想、自残等。

自恋型障碍患者，热烈追求所谓的“自我永存”这种理想价值。他们对于可能威胁到理想价值的状况是非常敏感的。而且，承认自我对死亡的恐惧会损伤自恋，因而他们很难直面死亡。

自恋型障碍患者认为自己是特别的，自己与他人是不同的，所以想要守护自我。

自恋型障碍患者不善于直面问题，有时甚至不愿意承认存在问题。因此，他们往往会对关键问题置之不理，或者选择一种间接的解决方式。这种间接的处理方式，表现为多样的症状和变异。

但是，对现实中可能存在或者已经发生的事实进行整理，明确问题之所在，总比放任自流要好得多。

假如赌博时输钱了，自恋型障碍患者为了逃避有损自尊的现实，不会考虑自己输了多少，只会放大自己赢钱时的愉快记忆，而无视不愉快的事情。

他们这样做了之后，内心深处仍会感到焦虑不安。为了摆脱这种焦虑，他们幻想自己可以挽回损失，进而继续赌博。

改善适应的要领

自恋型障碍患者要想振作精神，最重要的是得到赞赏而不是批评。他们渴望别人理解自己的优点与期望，给予自己肯定。只要获得了这样的肯定，这类人就能轻易地振作起来。

这类人如果能从周围人那里获得充分的赞赏，就会学会与他人共情、关照他人。

反之，如果一味地指责、否定他们的任性和自恋，往往会引发无休止的争论，也会使自恋型障碍患者变得越来越冷漠，越来越不关心他人。

从这个意义上来说，自恋型障碍患者想要成长，就不能选择那些只关注缺点、看法消极的人作为伙伴或支持者。因为与这样的人搭档，自恋型障碍患者会无法获得安全感，无法发挥实力；而在不安感强烈的人看来，自恋的人缺少对他人的同情与关心。双方容易形成互相指责的关系。

自恋型障碍患者不擅长直面自身的缺点和问题。哪怕你当面指出他们的问题所在，要求其改正，他们会认为你是“无法理解自己的人”“不正当的批判者”，希望你从他们眼前消失。因为指出他们的缺点会损害到他们的自恋幻想。自恋型人格的人，不仅对他人提出的问题敏感，而且对提出问题的方式也非常敏感。所以，如果要对这类人提出意见，要尽可能地维护他们的自尊，强调你很重视他们，这样，即使他们心里还是有点难以接受事实，也有可能试着去面对问题。

反之，即使是轻微的小事，如果表达方法不当，也会让他们感觉自己受人侮辱、蔑视。他们对他人言语中的褒贬词汇十分敏感。所以，在必须指出问题的场合，注意尽量说一些赞美他们的话，不要用批判的词语，这一点很重要。

自恋型障碍患者还十分在意他人对自己的关心程度。只要察觉到对方些微的冷淡态度或厌烦举止，他们就会倍感受伤，心情变得不安和愤怒，这样双方的对话也就容易朝着偏离的方向发展。

比起工作、学业等领域，自恋型人格的人在家庭、婚姻生活、育儿领域更容易遇到困难。

自恋型障碍患者会不知不觉地将他人当作仆役或奴隶来对待。虽然对方可能会在某段时期遵从其指令，但是时间一长，反抗就会不断增强，最后揭竿而起，推翻自恋型障碍患者的统治。如果变成那样的结局，自恋型障碍患者发现对方不再按照自己的意愿行动，会越发生气，双方的矛盾冲突逐步激化，关系破裂是迟早的事。

他们身上也容易出现主体性缺失的问题。如果父母具有自恋倾向，孩子往往会被父母视为自己的一部分来对待，所以这样的孩子很难养成独立自主的品格。

独生子女，或是背负着特别期待的孩子，从小就在全家人围着自己转的环境中成长，他们会觉得自己很重要。这种感觉不断放大，一旦离开没有家人守护的环境，他们就会不知所措，备受打击。在这种助长、放大自我感觉的环境中成长起来的孩子，进入现实社会后容易碰壁。

表演型人格障碍

特征以及易陷误区

表演型人格障碍患者强调身体和性的魅力，极力渴求周围人群的关注。他们认为，如果不被人关注，就丧失了自身价值。表演型人格的适应策略是吸引他人的关注与关心，并以此来获得自我价值的认可。

表演型人格的人非常注重外貌装扮和行为举止等表面的东西。他们之所以产生这种倾向，多与个人经历有关。平时，这类人的自我价值得不到认可，只有在自己的外在魅力引起了他人关注时才能获得认可。他们大多是在一个缺乏关爱的环境中长大的。多数情况下，他们的父母有一方是比较性感、重视外在形象的人。

因为过于渴望受到关注，他们有时不惜抬高或贬低自己，具体表现之一是说谎成性。他们有时会编造一些天花乱坠的虚假经历，或者捏造可怜的身世，以期获得他人的关心和同情，甚至诈病或者装成受害者来寻求他人的关心。

因为寻求关注的欲望很强，他们当中的一些人会渴求放纵的性关系，容易被假意的恭维或者“让你出名”的说法哄骗，遭人利用。为了追求完美身材，他们还容易患上厌食症。

不少人会患上过度呼吸综合征、癔症以及抑郁症等。一旦受到的关注骤减，生活趋于平淡，他们就会失去活下去的动力，有时甚至会陷入抑郁状态。有些女性原先在职场上风光无限，婚后成为家庭主妇，随即患上抑郁症，人称“笼中鸟”症候群。所以，表演型人格的人容易出现这样的问题。

改善适应的要领

表演型障碍患者改善适应的要点是，将自己的关注点从外在魅力、性吸引力等表面化的价值转移到精神的、内在的价值当中去。此外，要学会珍惜身边的一切，在平凡普通的事情中寻找快乐。如果能从做饭、打扫、园艺以及照顾家人等日常事务中获得乐趣，就能使自己的心理逐渐变得平衡。

另一个要点是，通过社会活动和参与工作这种建设性的形式，让患者希望被人关注的欲望得到满足。有些女性抑郁症患者在市中心的办公室里工作之后，就变得精神焕发。还有一些曾经生活得很压抑的女性在参加志愿活动、担任主持人或者站上舞台表演之后，重新找回了自己的人生意义。

简・方达走出抑郁

众所周知，曾两次获得奥斯卡金像奖的优秀女演员简・方达饱受厌食症与抑郁症的困扰。她非常严格地保持自己的完美身材，原因与她母亲的不幸婚姻有关。她母亲是一位貌美的女性，虽然和演员亨利・方达结婚之后有了两个孩子，但家庭生活并不幸福。她的母亲饱受丈夫出轨的困扰，为了挽回感情而去接受丰胸手术。手术失败后，胸口留下惨不忍睹的伤疤。

在丈夫提出离婚之后，母亲陷入悲伤，还将自己的伤痕展示给简·方达，感慨自己的悲惨命运。那个时候，幼小的简·方达很讨厌母亲，她在心里想：正是因为妈妈的身体这样丑陋，她才会被爸爸抛弃，我绝对不要成为她那样的人。

后来母亲患上了精神病，她在简·方达12岁的时候就自杀了。然而，简·方达没流一滴眼泪。这种压抑的情感导致她后来患上了抑郁症。

但她没有就此消沉，而是正视自己，充分挖掘自己的内在潜质，不仅成为优秀的演员，还参加了救助孩子的公益活动。通过这些活动，她逐渐找回了内心的平静。

边缘型人格障碍

特征以及易陷误区

边缘型人格障碍具有以下特征：情绪不稳定，人际关系在两种极端（极端理想化和极端贬低）之间交替变化，极度恐惧被人抛弃，带有自我否定倾向，做出自残和企图自杀等自毁行为。由于边缘型人格障碍患者会做出破坏性行为，因此，周围的人常常饱受折腾，并在不知不觉中被他们控制。

正如“如果自己的要求得不到满足，就去死”这种典型说法所表现的那样，边缘型人格障碍的适应策略本质在于为了实现自己的欲求，哪怕搭上自己的生命也在所不惜。

这类人觉得反正自己迟早会被他人抛弃，那还不如先下手为强，给他人带来麻烦。因此，他们常会做出一些古怪举动或是乱发脾气，给他人带来许多困扰。

这样的策略可以视作患者为回避被人抛弃的恐惧和痛苦而采取的自我保护措施。而且这种情况不限于边缘型障碍患者，有些情绪不太稳定、行事比较极端的人也时常采取这种方式。

当他们想要控制自己的亲朋好友时，这种策略就可以成为非常有效的武器。为了不让患者做出危险行为和过激反应，亲朋好友都会迁就他们。但是对于并不关心患者的人来说，这种策略没有任何作用。也就是说，这种策略只对患者身边的亲密者适用。

反过来说，对于边缘型障碍患者而言，与关系一般的对象交流不会出现问题，但如果双方发展成了亲密关系，他们多会突然表现出依赖或者不稳定行为。

短期内，这样做可以按照预想的那样控制对方，但是从长期来看，对方会逐渐筋疲力尽，想要放弃与患者之间的关系。也就是说，从社会适应的角度来考虑，这并非明智之举。但即便如此，有些人也不能停止这样做，因为眼前的孤独感和不安感太强烈了。比起长远的考量，他们更容易受短期得失驱使而采取行动。其原因就在于，他们是在不安稳的环境中长大的，随时有被人抛弃的可能，因此总是提心吊胆。

改善适应的要领

边缘型障碍患者对于“被人伤害”一事过度敏感，一些细微的言辞、举止都会被他们视为对自己的否定与拒绝。要改善适应，非常重要的一点就是不要过度地、消极地理解对方的言语，这样才有利于减轻痛苦，自己也容易适应环境。在感觉受伤的时候，要反思一下自己看待事情的方式是否过于悲观，是否误解了那些好心帮助自己的人。

另外，为了实现根本性的改善，患者需要认识到，害怕被人抛弃其实是自己的执念，应当更加信任他人。因此，与他人维持稳定长久的关系是很重要的。

偏执型人格障碍

特征以及易陷误区

偏执型人格障碍以不信任他人为显著特征，患者常常过度猜疑、偏执，甚至陷入阴谋论。偏执型人格障碍的适应策略是通过内心无法信任他人来保护自身，其本质是因为认定他人总带有恶意，不可掉以轻心。这种类型的患者，大多有过遭受他人背叛、攻击或侮辱等严重的心理创伤。

短期来看，这种适应策略可以起到保护自身、避免伤害的作用；但是长期来看，患者会因为无法与他人建立信赖关系而失去巨大利益。可以说，这种策略并非明智之举。患者通常会连他人好意的帮助与协作也一并拒绝，反而容易使自己更加孤立。

改善适应的要领

这类人必须卸下心防，学会展示自我、信任他人。但是，这并非易事，因为他们一旦打开心门，“被人伤害”的不安感就会增强。因此，患者们有必要在日常生活中培养忍耐这种不安的能力。

问题并不是立刻就能解决的。其实，这种类型的人也能采取相对缓和的适应策略，那就是先画一条“可以到此为止”的底线，然后患者在此范围内一点点地训练展示自我。但是，请注意不要自我展示过度，否则反而会增加秘密泄露的不安感。这样不管他人说了什么，患者都能保持自信心，在一定范围内展示自我。自己主动谈论私人话题，周围的人也会变得跟自己亲近。不过还要注意，切勿一下子将距离拉得太近，避免陷入“想要独占对方”的心理。虽说自己向对方袒露了心声，但不能因此就觉得对方很特别，这一点要了解清楚。反复进行这样的训练，患者可以慢慢地增强自我内心的强度。

患者周围的亲友则要坚持“除非他主动提起，否则绝不谈论或打听隐私”的原则。因为这类人一旦袒露自己的事情，就会突然变得依赖别人，所以旁人也要画出一条柔和的分界线，既要向对方表示尊敬，同时也不过度亲昵，保持安全的距离。

偏执型障碍患者要想改善适应，还有一点非常重要：不要总是寻找怀疑和偏见的证据，不要总是怀疑他人怀有恶意。事实上，令患者感到不愉快的行为大部分都是无心之举。如果患者就此认为“我被人当傻子了”“他是故意的”，将他人的行为理解为恶意，只会增加自己的痛苦。他人才没有工夫去考虑你的事情，因为每个人都在竭尽全力做好自己的事。别人会有自己的烦恼，即使一时怠慢了你，也称不上有什么恶意。

如果偏执型障碍患者能够摆脱“敌对思维”，人际关系就会变得轻松，自己也会容易被周围人接受，人生就会变得越来越顺畅。

上述特性不仅常见于偏执型障碍患者，其他人也或多或少具有这种倾向。任何人都有可能失去对他人的信任，认为周围人都是自己的敌人，怀疑他人的言行中含有恶意。这个时候，同样可以采用类似的改善措施。

第 5 章

测试你的心理适应能力

什么是“心理强度”

通过前面几章，我们了解了影响个体压力和适应能力的各种因素及机制。比起压力本身，羁绊和心理支柱对于个体抗压能力的影响更大。人们接受压力或考验的方式不同，痛苦的程度也天差地别。

诚然，个体的心理强度在很大程度上取决于接受和克服压力的方式，但与此同时，人们依赖他人的程度、他人支持的力度也很重要。考虑到这一点，本章我想测试一下大家的抗压能力和心理强度。

近年来，精神医学中经常用到一个表示精神强度的词——“心理弹性”。

当人们给弹簧施力时，弹簧的长度与其负荷的力的大小成比例地变化。而这个力一旦撤去，弹簧就会恢复到原来的状态。这就是“弹性”。但是如果这个力太大，超过了弹簧拉长的极限，弹簧就不能恢复到原来的状态。压力和心理的关系也是同理。如果压力大小尚处在人们能承受的范围内，那么只要这个压力消失，人们就会恢复到原来的状态。但是，一旦压力过大，超过人们承受的极限，或是相对较轻的负荷，经过长时间的积累，人们就再也不会恢复到原来的状态。

因此，我们不要让压力的大小和持续时间超过自己承受的极限。承受少量负载没有问题，不过，休息和重新振作的时间是不可或缺的。

然而，即使是受到同样的压力，有人短暂休息后可以立刻恢复精神，有人则因为这些压力而精神紧绷到极点。这是因为各人内心的承受能力有差异。

内心强大的人不易受伤，他们即便受伤，也能很快自我恢复。比照弹簧的弹性（弹力），我们将之称为“心理弹性”（复原力）。心理弹性较大的人，面对压力和逆境，自身的承受力也相应增大，可以战胜失败与挫折，顽强地活下去。

为了避免患上抑郁症等精神疾病，或是为了尽快走出低落的状态，恢复精神，人们需要增大心理弹性。

接下来，让我们一起进行几个关于心理弹性的测试吧。

心理强度测试1

请选出符合你的实际情况的所有选项。

① 即使某件事情不是很顺利，你也坚信一定会成功而继续进行下去吗?

② 比起感到幸福，你感到不满和愤怒的时候更多吗?

③ 比起表扬他人的长处，你更喜欢说他人的坏话和对他人进行批判吗?

④ 你感觉自己比不上别人的时候多吗?

⑤ 你经常说一些愉快的事情并且经常笑吗?

⑥ 你觉得自己是很幸运的人吗？

⑦ 你有没有觉得自己的人生很不顺利？

⑧ 对于自己现在的生活，你感到很满意，并且经常心怀感激吗？

① + 1分　② − 1分　③ − 1分　④ − 1分

⑤ + 1分　⑥ + 1分　⑦ − 1分　⑧ + 1分

以上问题可以测试受测者的认知倾向。若结果为正数，受测者的认知倾向偏向积极，数值越大，积极性越强；相反，若结果为负数，则属于消极倾向，容易陷入消极的认知。

具有积极认知倾向的人一般具有积极的情绪，行动也很积极，对别人很友善。

具有强烈消极认知倾向的人则容易被消极情绪困扰，进行人际交往时，防备心和攻击性较强。

消极的认知倾向，不仅会影响心情的稳定，对于人际关系也会产生微妙的影响，还与脆弱性和心理弹性密切相关。强烈的消极认知会导致人们在琐碎的事务中受伤，且很难恢复常态。也许你会认为积极或消极的性格差异微不足道，但实际上，其中的差别会催生心理弹性的差距，而这个差距又会影响到人生幸福度、社会成就感、心理承受力，甚至会影响个体的身体健康。

如果你发现自己具有消极认知倾向，请借此机会改变自己吧。认知倾向的偏差可以通过自我意识和努力进行调整。

为此，我们有必要对认知倾向进行更详细的分析，因为消极认知倾向也有很多不同的成因。

心理强度测试2

请选出符合你的实际情况的所有选项。

① 与自己能够做到的事情相比，你会更在意自己不能做到的事情吗?

② 即使你现在的心情是愉快的，如果发生了不好的事情，你会突然变得心情不好或情绪低落吗?

③ 缺点暴露后，你的热情会突然消失吗?

④ 如果仅仅失败了一次，你会失望并失去斗志吗?

⑤ 对于同一个人，你会时而特别喜欢他，时而又很讨厌他吗?

⑥ 如果某件事情可能会半途而废，你会认为“与其如此，不如不做”吗?

⑦ 比起度过平淡无奇的人生，你更想成为特别的人吗?

⑧ 如果不分清黑白是非，你就会感到心情不好吗?

这些问题用来判断受测者是否具有完美主义和极端化认知倾向。如果四项以上符合，就可以判断为此倾向；如果六项以上符合，则此倾向强烈。

所谓的“极端化认知”，就是全盘认可或全盘否定的认知模式，即认为事物要么全都是好的，要么全都是坏的，思维方式十分极端。极端化认知常与完美主义关联，只要某事物存在一点瑕疵，完美主义者就会将其彻底否定。

认知倾向消极的人往往也具有完美主义和极端化认知。在追求尽善尽美的完美主义者眼中，世界上大多数事情都是不完美的，都是糟糕的。也就是说，无论是人还是事物，认知倾向消极的人只会看到他（它）们的缺点和劣势，因而容易产生不满和愤怒，并且容易带有攻击性。这也是造成人际关系不稳定、婚姻破裂和虐待他人的一大风险因素。而他们也经常把不满和攻击的矛头指向自己，导致抑郁和自残。实际上，极端化认知或完美主义的确会增加个体抑郁或自杀的风险。请赶快摆脱这种不良的认知方式吧！

心理强度测试3

请选出符合实际的所有选项。

① 即使发生了很痛苦的事情，你也会很快忘记吗？

② 你经常纠结于同一件事情吗？

③ 即使你和别人吵架，你们也会很快和好吗？

④ 如果发生了什么不好的事情，你会持续很多天都受它影响吗？

⑤ 你会一直记得自己被别人议论的事情吗？

⑥ 与不好的事情相比，你更倾向于想一些快乐的事情吗？

① + 1分　②－ 1分　③+ 1分　④－ 1分　⑤－ 1分　⑥+ 1分

这些项目用来测试人们是否有深陷于不愉快经历的倾向。如果总分是负数，受测者可能就容易被不愉快的经历束缚。

越是执着于不愉快的经历不能自拔，就越是痛苦，自身所受的创伤也越深。如果陷入程度较低，第二天一早就会忘记；而如果陷入程度较高，可能很多年后都记得不幸的经历，并且经常回想，从而频繁地陷入消极情绪。深陷不愉快过往的人容易不断地累积伤害，对他人也会持有较强的不信任感和负面情绪。

精神医学里将个体反复回想不幸的往事这一现象称为“反刍思维”。容易陷入反刍思维的人，也比较容易抑郁。在日常生活中，杜绝反刍思维，有利于保持心理健康。人们可以通过自我意识和训练来控制反刍思维。

首先，应该清楚地认识到自己身上反刍思维倾向的严重程度，然后尝试从不愉快的经历中逃离出来。只有人们能够意识到长期沉浸于不愉快的回忆只会使自己更加痛苦，那么他们就可以渐渐地控制自己，避免陷入其中。

沉湎于消极回忆的人们通常认为，情况变成现在这样也是没有办法的，这都怪别人做了过分的事情，但事实上，是他们自己被过去不愉快的经历困住了。其实这种问题是完全可以解决的。只要他们能够认识到一个人是否能从不愉快的经历中解脱出来，并非取决于其他人，而是取决于自己的心态，情况就会完全改变。

心理强度测试4

请选出符合实际的所有选项。

① 如果发生了不好的事情，你容易做出过激的反应。

② 即使是很微小的事情，你也容易感到担心和不安。

③ 如果所处环境发生改变，你需要花费很多时间去适应。

④ 在大庭广众之下，或是在和他人初次见面的情形下，你会感到紧张。

⑤ 你对于声音和气味很敏感。

⑥ 如果换了枕头，你会迟迟不能入睡。

⑦ 如果突然发生预料之外的事情，你会变得慌张。

这些测试项目用来判断人们对于环境变化的敏感程度和不安程度。如果符合四项以上，那就可以说非常敏感。敏感和不安的程度也会影响认知。个体能否感到“这个世界是安全的”并放松下来，取决于自身所具备的安全感。这种安全感既与出生时自带的遗传因素有关，也会受到成长经历的影响。

如前所述，有些人天生就容易感到不安。就日本人来讲，大概三分之一的人不太容易感到不安，而剩余的三分之二则容易感到不安，其中又有三分之一的人这种倾向十分强烈。

另外，幼年成长经历以及早期亲子关系也是很重要的因素。如果孩子一岁的时候和妈妈的关系不稳定，那么进入青年时期之后，他患上焦虑症的风险是其他孩子的五倍。

如果个体的遗传体质和成长环境两方面都不太好，那么这种风险会变得更大。而即使孩子天生体质较弱，但只要成长环境很好，日后也不会产生心理上的问题。从遗传体质来看，三分之一的人易患焦虑症和抑郁症。幸运的是，大多数人一生都与焦虑症和抑郁症无缘。然而，随着社会压力的进一步增加，今后这一比例未必不会发生变化。

如果个体极度敏感，或是抱有强烈的焦虑情绪，就会对他人的攻击和意外事态感到困惑及不安，这是因为这类人的认知很容易被周围环境的刺激所干扰。过度敏感的人内心也比较脆弱，容易因为不愉快的经历而受到伤害。而这也是一个增加消极情绪的因素。

首先，要掌握自己的特点。自己是否具备基本的安全感？自己是否属于过度敏感的体质？如果是，那么这一体质的成因主要是遗传因素，还是幼年的成长环境，或是两者兼有？这些问题必须由自己来把握。

成长环境的负面影响会增强个体的消极认知倾向。反过来说，如果人们能够修正消极的认知倾向，即使自身携带着敏感不安的遗传基因，其负面影响也会大幅度缩小。

盖茨和乔布斯的例子

我们不妨以微软公司创始人比尔·盖茨和苹果公司创始人史蒂夫·乔布斯为例，试着思考一下上述问题。

盖茨从小就很敏感，社交能力提高得非常缓慢，甚至曾经被劝留级一年。可以说，他具有遗传的过度敏感倾向。但是，他备受父母关爱，在友善的环境中成长起来。因此，即使具有遗传的过度敏感倾向，盖茨仍然取得了不错的成绩，考入了哈佛大学。他厌倦了象牙塔里的生活，从学生时代就开始工作，并一直抱有积极的情绪，无论是在社会中还是在家庭生活中，他一直走得很稳。

乔布斯出生后不久就离开了亲生父母，他在养父母身边长大。虽然养父母也很溺爱乔布斯，但是他心中总是存在一种异样的感觉，直到中年还一直纠结自己的身世问题。乔布斯从小就很顽皮、活泼。可以说，从遗传角度来讲，他并不属于过度敏感的类型。

但是，乔布斯也有容易受伤和消沉的一面。高中时代，他的成绩并不起眼，最终上了一所三流大学并中途退学。之后，他在一家名为“雅达利”的游戏软件制作公司里工作，然后去印度流浪，像嬉皮士一样生活。他在社会交往和恋爱关系方面也相当不稳定，曾被苹果公司赶走，也是因为他内心的攻击倾向和傲慢态度引起了他人的排斥。

笔者认为，和盖茨相比，乔布斯性格中的脆弱性和不稳定性很大一部分源自他所处的成长环境。乔布斯一直纠结自己的出身问题，甚至曾求助于禅宗，寻求救赎。他意识到自己内心躁动的陌生感和莫名的愤怒迟早会带来危害，所以无论如何都要想办法克服这一点。

他结识了如父亲一般的禅师，中年时遇到了后来的妻子。在他人的帮助下，乔布斯最终获得了心灵上的稳定。克服了“消极”这一毒瘤，保持积极的稳定情绪，他在生命的最后十年取得了辉煌的成就。

正如上面两位的例子所展示的那样，与生俱来的遗传因素确实非常重要，这一点不容忽视。但是，在成长过程中慢慢形成的脆弱性和消极个性也会对人的一生产生影响。如果沉浸于不快乐的情绪，就会远离成功；即使暂时取得了成功，如果不能克服负面情绪所带来的影响，也会前功尽弃。

即使是“过度敏感”这一遗传基因的携带者，通常也可以通过选择适合自己特性的生活方式来减少其负面影响。

真正能在很大程度上破坏人生的，是成长过程中形成的消极认知方式以及随之而来的攻击性，而这方面情况也可以根据个体自身的努力来改善。

心理强度测试5

请选出符合实际的所有选项。

① 你喜欢和别人待在一起吗?

② 比起独占，你更愿意与大家一起分享吗?

③ 你觉得人类很了不起吗?

④ 你是发自真心地与人交流吗?

⑤ 别人遇到困难时，你会认为与自己有关吗?

⑥ 你会替他人出主意、照顾他人吗？

⑦ 你喜欢与他人一起合作完成某件事情吗？

⑧ 你有三个以上可以信任的人吗？

⑨ 如果对方感到悲伤，你自己也会感到悲伤吗？

⑩ 你不太喜欢自己一个人玩儿吗？

这些测试项目用来判断人们的同理心和社会性。符合六项以上的人容易与他人产生共情，不满三项的人则被认为缺乏同理心。

“同理心”是个体和他人共享相同的体验及感情的倾向。“社会性”是个体愿意帮助他人、与他人产生联系的倾向。通常，同理心较强的人会拥有较高的社会性，也很愿意信任别人。

同理心和社会性的水平高低也会影响个体对待事物的感知方式。同理心强的人，即使发生不愉快的事情，也不会一味地将其视为他人发起的攻击和伤害，而是试图站在对方的立场进行思考，因此痛苦会逐渐减轻。他们认为对方不是故意那样做的，而是出于不得已的理由，所以不愉快的事情也能变得容易接受。

相反，如果个体的同理心和社会性水平很低，即使是很微小的事情，也会被视为攻击，产生强烈的受伤感。这样一来，痛苦便会与日俱增。即使周围的人对你做了同一件事情，如果你看待对方的态度不同，心中的感受就会大不相同。将周围的人视为朋友，有利于减轻压力，改善适应能力。

现代人普遍缺乏同理心和社会性。增强同理心，提高社会性，不仅可以帮助我们变得友善，还可以保护我们自己。

心理强度测试6

请选出符合实际的所有选项。

① 如果感到困倦或饥饿，你的心情就会变得不好。

② 你不喜欢等待很长时间。

③ 你有时会感情用事。

④ 如果看见了自己不喜欢的东西，你会立刻将它扔掉。

⑤ 你的情绪起伏很大。

⑥ 你容易暴饮暴食。

⑦ 你对于疼痛很敏感。

⑧ 你容易感到厌烦，缺乏耐性。

⑨ 你有时抑制不住自己的脾气。

⑩ 你做事容易冲动。

这些测试项目用来判断人们控制情绪和欲望的能力（情绪控制）。符合五至七项的人，情绪控制能力比较弱；符合七项以上的人，这一能力非常弱。情绪控制能力弱的人，往往容易与他人发生摩擦或是沟通不畅。情绪控制能力弱的人常常感情用事，因此容易受到来自对方的反击。他们常常会在不经意中激怒对方，但他们自己并没有意识到这一点，故而往往会因此受人攻击。这类人上一秒还很高兴，下一秒就会因为一点小事而突然翻脸，他们自己的认知倾向不仅消极，且容易发生变化。

与此相反，情绪控制能力强的人也具有较强的忍耐力，且能时刻保持冷静。他们不易陷入消极状态，能长期地保持情绪稳定。不过，这种类型的人常常具有过度忍耐的倾向。忍耐力过低或过高，都会产生负面的影响。

了解自己的情绪控制能力，有利于实现个性表达与自我控制间的平衡。

心理强度测试7

请选出符合实际的所有选项。

① 遇到困难时，你不会马上寻求他人的帮助。

② 即使是父母和配偶（恋人），你有时也无法信任他们。

③ 你经常察言观色。

④ 你缺乏安全感。

⑤ 你经常借酒消愁。

⑥ 你不擅长将自己的缺点暴露在他人面前。

⑦ 比起依赖他人，你更倾向于依靠自己。

⑧ 你常常操心别人。

⑨ 你想起自己的父母及原生家庭，心情就会变得沉重。

⑩ 你觉得能理解自己的人很少。

这个测试能确认受测者是否拥有“安全基地”，是否具有安全感。符合五项以上的人，在“安全基地”方面存在问题，依恋不稳定的可能性较大；符合七项以上的人，这种依恋不稳定的倾向更为强烈。

“安全基地”是指从幼时和父母间的关系开始，在自己心中构筑起来的东西。在父母关爱之中长大、亲子关系稳定的人，成年后往往也能顺利地和他人建立稳定的关系。构建一个能给予自己帮助的“安全基地”，依赖并亲近它，由此就能保护自己。同过度敏感的遗传体质以及“容易感到不安”的心理倾向一样，是否拥有“安全基地”也能够影响一个人的认知方式。

拥有一个牢固“安全基地”的人，看待事物的态度往往是积极、稳定的；与此相反，没有“安全基地”的人，情绪容易变得消极和不稳定。

通过上述内容可知，消极认知、完美主义、固执性、过度敏感、同理心、情绪控制力和“安全基地”是影响“心理弹性”的七个要素，而这七个要素也会互相影响。我们只有弄清楚哪个要素对自己来说是关键因素，然后努力地去修正它，才能打造一个真正强大的内心。

第 6 章

走出成长困境

适应障碍是成长的必修课

在人的一生之中，最早容易出现适应障碍的时期通常是在入学以后，也就是从小学阶段开始。学生拒绝上学的情形，多被诊断为适应障碍。

实际上，在托儿所、幼儿园阶段出现适应障碍的孩子也不少，但幼儿园尚不算是真正的学校，所以这些情况常被视为“孩子不愿意离开妈妈”的问题，甚至还有人怀疑原因是发育障碍。毋庸置疑，如果发育状况存在问题，的确可能引起适应障碍，但是，归根结底还是因为孩子无法很好地适应环境。如果只是将其归因于孩子自身的毛病，冠以“发育障碍”之名，相当于大人们无须为此负责任，这对孩子来说也是不公平的。

即使是毫无发育问题的孩子，如果成长环境不稳定，幼儿园或者学校忽视了孩子的个性，他们也会患上适应障碍症。相反，通常情况下，只要我们充分地尊重孩子的个性，或者将孩子转移到适合他们的环境中，孩子的情绪就会平静下来。在做出“发育障碍”的诊断前，我们必须先检查环境方面是否存在问题，是否存在违背孩子个性和习惯的地方。确认这几点信息有助于厘清状况，改善事态。

孩子身边的人、物、环境可能发生过重大的变化。与其直接判定为“发育障碍”，不如将之视为适应障碍更为恰当，即环境和孩子的个性之间未能充分协调、相互适应。这样可以防止造成片面的诊断，能更有效地解决问题。

《小王子》背后的故事

以《小王子》等著作为人知晓的作家安托万·德·圣埃克苏佩里，在上学期间也曾患有适应障碍。安托万的苦难是从9岁开始的，那年他进入了一所严格的教会学校——圣克鲁瓦学院。在那之前，他一直生活在庄园里，深受母亲和姨妈的宠爱。他以前只上过一两年学，后来就做自己喜欢的事情。父亲在安托万3岁的时候突发脑溢血病逝，作为长子的他在母亲的溺爱中长大。

安托万的绰号是“太阳王”。他任性妄为，在基本行为方面存在很多问题。他片刻都坐不住，极易走神。因此，学校的神父总是皱着眉训斥他，放学后还让他留堂。他的成绩也是惨不忍睹，算数和拼写尤为糟糕。更糟糕的是，他不擅长整理桌面和衣着，总是一片凌乱。

安托万的这些表现都符合现在所说的多动症症状。此外，他还有算数障碍和书写障碍等问题。

他还耽于幻想，经常发呆，也很难与其他人融洽地相处。但是，他慢慢展现了自己的写作天赋，还获得过优秀作文奖，只是他的作文里也有许多拼写错误。

14岁的时候，他转学去了另一所教会学校，而他的适应障碍变得更严重了。虽然他法语成绩不错，在诗歌和插图方面也展现出了非凡的才能，然而除此之外便毫无亮点。他依旧存在行为缺陷，而且喜欢打扰其他学生学习。在这期间，他的一大爱好是练习倒着写字。在今天看来，这种行为正是儿童可能患有发育障碍的表现。

母亲见安托万无法适应新学校的生活，便迅速采取相应的措施。一个学期结束后，她爽快地满足儿子的期望，让他退学，转回原来的学校。然而，他的情况并没有好转，于是第二年，母亲让他进入了一所校风比较自由的瑞士学校。安托万在那里度过了两年充实而愉快的时光。对于讨厌学校的他来说，这是唯一一段关于学校的快乐记忆。

正如这个事例所示，勉强自己待在不合适的环境里不仅无益，甚至可能有害。倒不如离开不合适自己的环境，寻找一片新天地，这样才能发现人生的更多可能。

毕加索如何超越自卑

画家巴勃罗·毕加索在少年时代也患有学校适应障碍症。毕加索总是注意力不集中，躁动不安，很难安静地待在座位上。他会频繁地走到教室窗边，敲打窗户上的玻璃。

他不仅患有学习障碍，连简单的计算和阅读也很难完成，完全不能融入学校和集体生活。离开父母使他感到强烈的不安，他极度抗拒上学，即使去了学校，也无法忍受学校里的条条框框。毕加索来到第一所学校后不久，便转到了一所私立小学，但他还是无法认真地听课，一直跟在校长夫人身边淘气、撒娇。

毕加索3岁的时候，母亲生了一个妹妹，刚出生的妹妹夺走了母亲的爱，这似乎给他带来了很大的打击。没想到不久之后便发生了一场大地震，他们居住的小镇受到巨大的破坏。从那以后，毕加索就非常黏他的父亲，如果没有父亲的陪伴，他就绝对不去学校。

他仍然讨厌上学，如果被人强行带去学校，就会感觉身体不舒服，这导致他连续缺课。父亲从微薄的生活费中拿出一部分钱，为儿子请了家教，但是儿子的学习能力依然很差。然而，父亲并没有批评他，只要毕加索画画，其他一切好说。

虽然毕加索的父亲曾担任市立美术馆馆长，但这个职位并不是那么稳定。不过，毕加索的绘画才能之所以得到充分发挥，父亲功不可没。父亲不会强迫毕加索去做他讨厌的事。父亲确信毕加索拥有非凡的绘画才能，并希望能帮他把这项才能发挥出来。毕加索喜欢看父亲画画，当他告诉父亲自己也想画画后，父亲毫不吝惜地把素描本和画具交给他，并为他准备合适的练习题材，允许他自由作画。毕加索8岁时画出了自己的第一幅油画，旁人根本想象不到这件作品出自一个孩子之手。

后来，父亲失去了美术馆馆长的工作，不得不在异乡成为美术学校的老师。虽然一家人过着贫苦的生活，但父亲还是希望看到毕加索绘画进步的样子。自从毕加索的妹妹夭折之后，父亲将希望全部寄托在毕加索身上。他就读于父亲工作的美术学校，在那里学习素描和油画。父亲不仅在学校教课，回到家里也继续教毕加索画画。在父亲的悉心教育下，毕加索卓越的绘画才能得到了进一步的提升。

13岁那年，毕加索举办了自己的第一场个人画展。但是，那次画展并没有得到大家的关注，画作也没有出售多少。即便如此，父亲还是比任何人都相信儿子的绘画才能。父亲把自己的画具都送给了毕加索，并宣布自己不再画画。

在毕加索的身上，我们可以看到，即使是像他这样的天才，人们也总是关注他的行为问题和学习障碍，如果当时人们花很多时间精力去解决这些问题的话，也许他最大的优点和才能就永远不能发挥出来了吧。或许这位天才就会被埋没，自身充满了自卑感，甚至可能变成流浪汉或者罪犯，就这样结束自己的一生。

幸好毕加索的家人没有以读写、算数这些一般的标准来评判他，而是帮助孩子充分发挥自己的特长和个性，毕加索的才华才得以充分展现。

在考虑适应障碍这个问题时，这个例子带给我们的经验教训具有深远意义。如果家长强迫孩子待在不合适的环境里，孩子不能充分地展现自己，就很容易导致孩子产生适应障碍，从此深感自卑，认为自己一无是处，然后庸庸碌碌地度过一生。

但是，如果这一类孩子的特点和才能能够充分发挥，那么他们的人生将会有无限的可能。

从这一意义上来讲，可以将适应障碍看作一个暗号，说明孩子不适应现有环境。如果家长和老师能够正确地应对，孩子就不会生病；当他们找到了适合自己的环境，甚至可能挖掘出新的可能性。

克服不利环境，获得自我成长

安托万和毕加索的例子证明，如果家长尊重孩子的个性，选择适合他们的环境，就能帮助孩子战胜困难、获得成功。但是在现实生活中，并不是所有人都如此幸运。因此，许多人只能努力克服不利条件，从而获得自我成长，使自己变得更加坚强。

这时最重要的是后盾。如果家长一味地斥责孩子，只会使他们更加自责，导致事态进一步恶化。

以细菌学研究而闻名世界的野口英世（原名野口清作）在小学三年级的时候，曾经不去上学。众所周知，他年幼时曾被地炉烧伤，由于治疗不及时，他的手指粘连在一起，所以他常常被同学捉弄、欺负，渐渐就不去上学了。但是，他没有告诉母亲实情，每天依旧出门，假装上学，其实是去附近的河边打发时间。母亲为了供清作读书，代替丈夫去干体力活赚钱。清作感到很内疚，于是开始帮助母亲。母亲发现了清作的变化，向学校了解情况，这才发现原来他早就不去学校了。如果是一般的母亲，也许会大发雷霆，不假思索地斥责儿子。但是，那时清作的母亲采取了一个非常好的对策。她的做法使清作克服了困难。

母亲将清作叫到自己身边，首先表扬了他想要帮助母亲的心意。但是，母亲也感到很难受，因为自己努力工作是为了供孩子上学。母亲哭着说道，也许是自己对儿子的关心不足，才会导致他在学校受同学欺负。“但是，清作，正是为了不输给别人，所以才要学习，利用知识使自己变得强大。不要担心家里的事情，我希望你能拼命地努力学习。”清作的母亲不断向儿子传达这一想法，清作也被母亲的话深深触动，一边流着眼泪，一边发誓再也不会逃学。

为什么母亲的这番话会起作用呢？首先，母亲没有说一句责备孩子的话，相反，她站在孩子的角度考虑问题，并反思自己的做法。但是，母亲也并非一味地顺应清作，而是给他指明了一条正确的道路。只有这样，孩子才能从苦恼中解脱出来，并且吸取这次历练的教训。

这份苦痛给清作留下的并不只有“被人欺负”一类的消极回忆，更使他明白要想不落后于人，就要积极向前，重新找到自己的价值。

如果家长想让跌倒的孩子重新振作起来，就需要学习清作妈妈那样的应对措施。“安全基地”并不意味着盲目接受和溺爱。必要的时候，家长也要拍拍孩子的肩膀，鼓励孩子振作精神，不要服输。

感谢曾经的那些挫折

有很多名人都曾在学校遭遇过适应障碍。法国著名作家莫泊桑就不适应严格的学校制度，他因为写嘲讽老师和学校的诗而受到开除处分。但是，他没有就此辍学，这要感谢母亲的理解和支持。

莫泊桑考入巴黎大学法学院，毕业后成了一名办公室职员，闲暇时创作小说。莫泊桑觉得办公室里的工作很无聊，但是他的老师古斯塔夫·福楼拜却告诉他，这种单调而规律的工作也有好处：“有一点绝对不应忘记——天才不过是有长久的耐心。”

实际上，莫泊桑听从福楼拜的忠告，利用工作之外的时间写作小说。30岁的时候，他发表了小说《羊脂球》，从此声名大噪。

奥地利著名诗人赖内·马利亚·里尔克也曾在学校发生过适应障碍。里尔克是早产儿，生来体质就很虚弱，由于妈妈心爱的女儿去世了，所以他的母亲一直把他当女儿养，这使他的性格变得更加敏感。并且，他的双亲关系不好，里尔克9岁时父母离婚，里尔克归父亲抚养。可以说，他是在一个缺乏母爱的环境中长大的。

他的父亲身体也不太好，不得不提前从军队退役。里尔克被要求代替其父进入军校学习，但是他无法适应严格的学校制度。后来里尔克得了精神疾病，中途退学了。但正是这段挫折经历使他明确了自己的志向。

人间万事，塞翁失马，焉知非福？等你将来回想往事时，或许还会感谢曾经的那些挫折。

在困境中看到机会

不仅仅是艺术家和学者，还有很多取得巨大商业成功的企业家曾在读书时吃过苦头。稻盛和夫一手创办了京瓷公司，又使KDDI公司发展到如今的规模，并在短时间内完成了日本航空公司的重建，他堪称日本杰出企业家的代表。然而，他的学生时代也并非一帆风顺。

根据稻盛和夫自传所述，他的父亲经营印刷业，和夫是家中次子，小时候是“窝里横的鼻涕虫”。他完全比不上哥哥，非常爱哭，而且娇气。上小学的第一天，当他知道教室里只剩下自己时，顿时脸色铁青，然后大哭起来。他不愿意去学校的情况越来越严重，家人需要费很大劲才能劝他出门，后来还得用自行车载他上学。之后，稻盛和夫的学业也并不顺利，他在中学入学考试时失利，没有考入当地的精英学校。

虽然处在这样的逆境之中，但家人的温暖守护给了他克服困难的动力。

当孩子在学校发生适应障碍时，周围人的态度可以使孩子的命运发生重大改变。家长最糟糕的做法是责备孩子的失败，在孩子的伤口上撒盐。但是，模糊重点、逃避问题的做法也同样糟糕。

即使孩子遭遇了失败，家长也要给予孩子足够的信任和关怀。另外，家长要教导孩子对自己的行为负责。如果孩子做错了事，父母不能总是轻易地帮孩子收拾残局。

正视不良行为，发现问题本质

说到“适应障碍”，人们很容易联想到强烈的不安和忧郁等情绪，成年人的“适应障碍”就像“忧郁”的代名词一样。但是，适应障碍不仅伴有忧郁、不安这样的心理症状，很多时候也会表现为外在行为，即不良行为。适应障碍患者年龄越小，越容易出现这类情况，比如躁动、攻击、盗窃、危险行为等。

如果只考虑表面行为的问题，而不去解决最为关键的适应障碍，这些不良行为就会演变为恶习，甚至导向犯罪。不只是孩子，对于成年人来说也是一样。只不过成年人已经具有判断能力，可以用理性进行克制，所以不太容易走上犯罪道路；成年人更容易出现心理异常，即忧郁、不安、精神障碍和过度依赖等症状。

适应障碍所引发的不良行为其实是孩子面对强烈的不安和忧郁，试图保护自己而做出的补偿行为——与其陷入被动，不如自己主动出击，无论如何，也要以某种方式来守护自己的尊严和内心。如果孩子受到了斥责或是否定，就会变得不开心，这时，孩子的自尊心越强，越容易反抗，故意做出一些违规行为，以此来还击斥责自己的人。

这些行为最早见于儿童三四岁时，10岁左右容易加重。之前一直听话的乖孩子，面对大人的说教，会突然表现出强烈的反抗，比如说出“好吵啊”这样的话。

如果孩子没有一个安心的立足之地，就容易陷入自我否定的状况，也就是产生适应障碍，反抗情形就会更加严重。从某种意义上来讲，这都是儿童宣泄内心痛苦的表现，即使一个细微的行为，也能帮助孩子排解痛苦的心情。

从这种意义上来讲，诸般叛逆行为的实质都是个体对于压力的抵抗和防御。人们只有在无法通过行为进行发泄时，痛苦情绪才会导致内心崩溃。深受负面情绪与不安的折磨，又不能在人前表现出来，这就会引向所谓的“适应障碍”。

所以，换个角度看待人们的行为问题和异常癖好，才会发现问题的真正本质。

诺贝尔奖学者们的进击之路

“现代神经科学之父”圣地亚哥·拉蒙·卡哈尔是诺贝尔医学奖得主。其实，他小时候并不适应学校的生活，是个一直存在不良行为的问题少年。如果放在今天，他无疑会被判定为行为障碍患者。

卡哈尔和其他很多问题少年一样，其与生俱来的个性不能被人理解，一直遭受否定和打击，故而陷入叛逆和不良行为的恶性循环。卡哈尔是那种一刻也静不下来的孩子，他总是在山上狂奔或是做出一些危险的举动，惹恼大人。

他的另一个特点是对于自然充满好奇。年纪很小的时候，他就对鸟类抱有极大的兴趣，无论高处多么危险，他也要爬上去收集鸟巢和鸟蛋。除此之外，他不合群，不擅长和其他人合作。他从小就喜欢画画，上课时总是在教科书的空白区域涂鸦。对于卡哈尔来说，学习是无聊的，他热衷于假扮士兵，制作强有力的弓箭和弹珠，然后以此捕猎；或者亲自观察大自然，并把自然景象画成图画。

这些特征表明，卡哈尔属于“视觉空间型学习者”。或许有人会将儿童的这些表现归因于发育障碍或是孤独症，但是与其将之视为消极的障碍和缺陷，不如把它们看作特殊的学习方式，更有利于个体今后的发展。

与言语型学习者相比，视觉空间型学习者更擅长运用自己的身体直观地获取事物信息。这一类人的语言能力和抽象思维能力发育比较缓慢，因而很难安静地坐着看书。因此，如果强制他们在幼年开始学习，就会很快令他们厌烦学习。因为他们具有活泼好动的性格，经常受到大家的关注，所以也会反复出现叛逆行为和不良行为。

卡哈尔的父亲通过刻苦学习当上了医生，但是他没有学位文凭，只能在偏僻的村子行医。他吸取了自己的经验教训，决定让儿子接受优秀的教育。但是，这个想法却适得其反。卡哈尔10岁时进入了一所严格的学校，他从一个每天自由奔跑的孩子变成了寄宿学生，借住在叔叔家里。然而，卡哈尔自己更希望进入一所美术学校。虽然他曾将这个心愿告诉父亲，父亲却将他的话当成了耳旁风。

当时盛行体罚，卡哈尔每天都在学校遭受鞭打。如果卡哈尔不接受管教，还会被处以监禁或是断食的惩罚。但这并没有改善卡哈尔的行为，反而使他产生对抗管束的叛逆心理。就这样过了一年，卡哈尔离开了那所学校，转到别的学校学习。

但是，他转入的那所学校也有很大的问题。校园欺凌猖獗，初来乍到的卡哈尔没有一个朋友，自然成了被欺凌的对象。卡哈尔对于打架很有自信，与那些欺负他的高年级学生不分伯仲。但是，卡哈尔并没有善罢甘休，他坚持每天锻炼身体，还练就了使用弹珠的技能，希望将来能够雪耻。

一年后，卡哈尔的体格已经十分健壮，耍起弹弓也得心应手，他可以一秒连发数个弹珠击打石头，甚至能射中远处扔出的帽子。这下再也没有人敢欺负他了。

在学习方面他还是老样子，成绩接近不及格。他一直被人强迫做自己并不乐意的事情。

但是，他的父亲曲解了“儿子不愿意学习”这件事，他以为卡哈尔不具备他所期待的学习能力。而在这时，卡哈尔的弟弟取得了好成绩，父亲的期望便从卡哈尔身上移到了他弟弟身上。

卡哈尔14岁时，他的父亲要求他退学，去理发店学习手艺。虽然卡哈尔一度颇为失落，但他出乎意料地非常适应那里的工作，毕竟手工本来就是他擅长的事情。

那家理发店的师傅很欣赏卡哈尔，虽然受人器重是好事，但是他在行为上的危险倾向却加剧了。这次，他不再满足于赤手空拳，开始学习制作火药和步枪。他自己调制火药，改造步枪，并将其打响。接着他又开始制作大炮，这个大炮将附近果园的果树炸成了马蜂窝。有一次，他改造的手枪走火，卡哈尔自己也差点失明，后来甚至还闹到了警察那里。事实上，他也因此进过几天监狱。

他的父亲看到卡哈尔没有好好学习，就让他辞了理发店的工作，转到鞋店里做学徒。父亲此举虽然也有惩戒儿子的意思，但主要还是希望儿子掌握一门手艺。虽然鞋店里的工作比理发店更加辛苦，但是卡哈尔同样表现得非常好。他很快就掌握了制鞋的技能，不到一年就已经可以自己独立处理订单。这一点也可以说明，卡哈尔具有优秀的动手操作能力，而这正是视觉空间型学习者的特点。

荒废学业两年后，16岁的卡哈尔才重新开始学习。但是，他仍然苦恼于填鸭式教学。这时他父亲的应对非常明智：父亲接受了卡哈尔提出的条件，允许卡哈尔在课余时间学习素描。

卡哈尔恢复学业之后，完全沉浸在素描的世界中，他的素描作品也得到了认可。但当他提出希望继续从事绘画行业时，却遭到了父亲的反对。

不过，这时的卡哈尔已经与以前不一样了，他并没有因此放弃绘画。不仅如此，他还渐渐体会到了其他知识领域的乐趣。他对铁路和摄影很感兴趣，同时也领悟了文学和诗歌的魅力。虽然时间有点晚，但是他终于开始明白语言的魅力了。

这一类人偶尔会发生这种情况。小时候，他们对于学习和读书完全不感兴趣；但是到了十几岁，他们就会慢慢地感受到学习和读书的乐趣。在这一时期，他们开始自己主动学习，许多之前无法理解的事物也豁然开朗了。那是因为人们发育的时间进度是不同的，这时才是属于他们的发育时期。

然后，卡哈尔终于找到了和自己天赋相匹配的领域。他开始学习解剖学，并深深为之着迷。人体的神经、血管、肌肉，他可以将它们精细地绘制出来，并很快记住其构造和名称。这个少年曾经具有顽固的记忆障碍，如今却能迅速地记住复杂的解剖学用语，而这正是因为这门学科与绘画之间存在紧密联系。卡哈尔准确地找到了可以充分发挥视觉空间学习能力的专业领域。

在卡哈尔反复出现叛逆和不良行为的那个时期，他的特点尚未被人理解，可以说，当时他的才能还完全没有被开发。之所以出现许多不愉快的事情，是因为卡哈尔的发育进度和兴趣爱好无法满足他人的期待，两者之间存在错位。特别是像卡哈尔这种类型的孩子，他们很早就对实际动手操作的事情感兴趣，而抽象思维和语言能力发育得较晚，这种错位就变得更加明显。普通的小孩在十岁左右就渐渐发展出抽象思维能力，但这种类型的孩子则会推迟五到六年。与之相对，视觉空间型学习者比较擅长整体性思维，适合借助实物和感官进行学习。这类人还有一个倾向：即使已经成年，他们也仍然像孩子一样感性。

因此，如果过早地教授这类孩子抽象性质的内容，他们就会理解不了，还会觉得乏味。但是，等到他们年纪稍长，他们就会对那些东西感兴趣，理解能力也逐渐提高。虽然抽象思维发育的时间较晚，但他们的抽象思考能力甚至可能超过那些普通的孩子。所以，哪怕卡哈尔10多岁时还对学习感到厌烦，后来他却能成为诺贝尔奖得主，科研成就享誉世界。

在了解适应障碍并尽力克服的基础上，清楚地掌握儿童的发育进度、成长阶段以及面临的问题也是非常重要的。具体问题具体分析，有时问题并不严重，可以允许孩子先发展其他方面的兴趣，然后等待他们自然地过渡到下一个发育时期；而有的时候，家长也需要适当地给予孩子必要的刺激。

第 7 章

突破职场瓶颈

这一章，我们将探讨与职场相关的适应障碍。这是成年人适应障碍症的核心。

职业人士患上抑郁症，主要有两种情形：一些人原本抗压能力就不强，社会技能、适应力相对较弱，若责任和负担一直增加，他们不能合理地应对，进而患上适应障碍，甚至发展为焦虑症、心身疾病；但还有另外一些人，他们本来有着优于常人的适应力和体能，无论精神还是身体，都非常强大，然而也出人意料地患有适应障碍。

第二类人甚至自己都没有预想过遭遇适应障碍的可能性。正因如此，通常情况下，他们遇到身体或是精神不听指挥的情况时，往往茫然无措，不知道自己身上到底发生了什么，病情也因此进一步恶化。在察觉到周围的异常前，他们一直忍耐，甚至假装无事发生，如此一来，反而更容易陷入困境。

很多免疫力较强的人患上流感和病毒性肝炎之后，症状远比一般人更加严重，甚至还会不断恶化。同理，在所有适应障碍患者当中，患者自身抵抗力越强，其症状越明显，很多人甚至会走向自杀——正是因为他们的行动力较强，所以更容易实施自残行为。他们本来就富有责任感和工作自豪感，一旦自己没有发挥应有的作用，心情就会尤为沮丧。

我们可以说，20多岁的适应障碍患者大多属于第一种情况，而三四十岁及以上的患者大多属于第二种情况。

职场抑郁症或精神疾病可以分为几种典型的类别，它们各自的治疗方法也大不相同。

拒绝超负荷工作，严格自我管理

过负荷型抑郁症和适应障碍的病因是，施加于患者的压力和负担超过了患者所能承受的极限。个体所能承受的负荷会因为长期疲劳和睡眠不足而逐渐变小。因此，一旦超过某个临界点，负荷值便会急速下降，并很难自动恢复到平衡状态。如果人们没有充分休息并从压力中解脱出来，就会陷入适应障碍、抑郁症、精神疾病的恶性循环。

几乎所有抑郁病例都包含过劳因素。患者一方面睡眠和休息不足，另一方面承担的压力持续加重。每天长时间地工作，待办的项目有一大堆，还要在期限内准时完成——如果这样的情况长期保持，人们就会逐渐崩溃。

如果高压只持续一两周，随着人体荷尔蒙的释放，大脑和身体的灵活性将会提高，个体可以克服负荷过重的问题。但是，如果这一状态持续太久，压力和荷尔蒙会开始逐渐破坏大脑神经细胞，导致神经细胞的萎缩和死亡。另外，神经传输物质也会慢慢枯竭。如果传输物质自身枯竭，无论外部施加什么刺激，大脑和身体都不能继续正常运作了。

一般来说，劳累过度、休息不足这两个因素会使个体负荷增大，加剧过负荷的情况。大脑一旦疲劳，处理信息的能力就会下降，过负荷越发严重，个体就会陷入困境。那么如何才能摆脱这种困境呢？

一旦出现过负荷的情况，疲劳就会开始累积。总是觉得很累、早上不愿起床、不再对工作抱有新鲜感和兴趣，这些都是个体过负荷的表现。其他表现还有：注意力不集中，效率低下；判断力变差，容易忘记重要的事情；觉得和别人见面、通话都很麻烦。

在这种情况下，与其勉强继续工作，不如立刻停下来休息，尽早请假休养，防止自己变得疲惫不堪。

预防过负荷型适应障碍和抑郁症，很重要的一点就是努力减少信息的输入。熬夜看电视、上网会增加信息的输入，一旦信息量超过大脑承载力，就会引发上述问题。很多依赖网络的人更容易得抑郁症，大脑过负荷就是原因之一。

当人们感到疲劳的时候，应该减少音乐和图像这类信息的输入，努力使大脑得到休息。哪怕只是闭目养神五分钟，也有助于预防过负荷现象的发生。上班期间适当地休息一下，不要长期连续工作。

另一个容易导致过负荷的因素是工作环境或工作内容的改变。当人们进入一个新的环境，对人际关系、工作内容都比较陌生，即使没什么大事儿也很容易产生担忧情绪，这比熟悉的环境更容易令人感到劳累。同样，当人们处于责任较重的职位或是负责不熟悉的工作内容时，也比平时更容易产生过负荷的情况。

另一种与之相反的情况也容易导致过负荷。当人们对工作环境、工作内容都已经非常熟悉时，处理工作就很得心应手，因而能够成为部门骨干，负责的项目越来越多、越来越难，还要经常帮同事的忙。

大家在职场上找人帮忙时，都不想将工作委托给那些无法保证质量或无法按时完成的人。所以，周围的同事都在观察帮忙者能否将工作做好，“这个人可不可靠”诸如此类的印象和评价很快就会传到其他人的耳朵里。如果你要找人帮忙，首先应拜托那个最可靠的人，要是此人忙不过来，再去找第二可靠的人。

越是想要满足他人的期待，你手里的工作就会越来越多。有的人很空闲，但他并不太可靠，所以大家不会拜托他帮忙。如果拜托这种人帮忙，反而会给自己带来麻烦。另外，可靠的人一般都有较强的责任感。即使有点吃力，他们也会尽量完成他人托付的事情。因此，越是能干的人，越容易陷入“工作积压—濒临崩溃”的恶性循环中。

为了避免患上过负荷型适应障碍，你需要经常观察自己所能承受的负荷量是否合适。因此需要进行严格的时间管理、自我管理，不要轻易地接受工作。否则，工作压力日积月累，最终可能会让人陷入抑郁。严重的抑郁甚至会造成大脑萎缩，恢复需要几年的时间，当然也不至于到生活无法自理的程度。但是如果病情继续恶化，就有可能导致自杀的悲剧，不仅会影响家人的生活，而且会给亲友造成永久的心理创伤和悲痛。

能否防止这样的事情发生，取决于你能否拒绝超过自己能力范围的工作。如果勉强接受，工作的质量也会下降，时间长了，别人对你的评价也会降低。有时候，这可能会导致致命的失败。如果不想让工作质量下降，就要把控自己的工作量，一旦可能超过自己的负荷，就明确表达拒绝之意，比如“这超过我的承受能力了”“我可能会因为工作太多而抑郁或是过劳死”。

职场人负荷的另一种典型情况是不习惯吩咐下属，或者不习惯将工作安排给下属。所谓的“管理”职位就是挂名的主任或经理，虽然要承担某些责任，但是如果下属马马虎虎、没有工作热情和能力，最后只好自己去帮下属完成工作；或是本来把任务分配给了下属，但是临近期限对方却完全没有进展，这时就不得不放下自己手头上的一堆工作，熬夜完成本该由下属负责的事情。

虽然不应该把所有工作都交给下属，但是大部分问题还是出在委派方式上。常见的问题有两种。其中一种情形是上级虽然把任务委托给了下属，但是自己却过度插手，削弱了下属的工作热情和责任感。很多时候，这也是下属辞职或者心情郁闷的原因。

另一种情形是管理者的指导能力、管理能力太弱。管理者的本意是希望满足下属的期待，给予下属自由度和主体性，不去过多说教。但是，最终，下属却因此迷失方向，做出错误的判断，甚至偷懒、不努力工作。最后要为他们收拾残局的还是管理者。为了避免这种情况，要适时开会，明确大家的分工和责任，让下属汇报进展状况，针对关键项目制定具体议案和日程，这些程序是不可缺少的。

最近，管理层抑郁、出现精神问题的病例正在不断增加，所以平时养成良好的习惯是很重要的。

在职场中要呵护高自尊人格

导致适应障碍和抑郁的原因还有一种，那就是个体的主体性遭到了剥夺。正如弗兰克所言，在“生命的意义”被人剥夺之后，即使人们表现得很平静，实际上内心也痛苦不堪。人们在主体性被侵害、自尊受到威胁、珍视的事物被破坏的时候，就会变得没有精神。

一旦遭遇此类情况，人的本能反应就是反抗和生气，会想说“真可笑”“我才不想那样”。但是，真正的成年人都不会为逞一时之快而去冒惹怒他人、失去工作的风险，所以即使满腹怒气，也要笑呵呵地迎合对方。人们都尽量不轻易发火，保持生活的平静。

虽说一般的事情尚可以忍耐，但是，如果几个月甚至几年以来一直感到自己的信念和自尊心被人践踏，人们的心灵必定会慢慢失去活力，慢慢失去前进的动力和兴趣，导致开始荒废时间，渐渐打消经营事业、提升自我的念头。此时不光工作提不起劲，连公司的人际关系也变得无聊，只是为了忍耐而做这些事情。

主体性和压力之间的关系也在实验中得到了证实。研究者给一个小组安排严格的工作流程，只让他们完成指定的工作，而另一个小组则可以自主选择工作内容。实验结果显示，在相同的工作时长下，自由受限的小组成员比自由度较高的小组成员承受了更多压力，因此前者身上更容易出现过劳症状或精神异常。

为了预防这一类型的适应障碍、抑郁和精神疾病，无论是管理层还是普通员工，都需要注意以下事项：管理者应尽量注意保护下属的主体性和自尊心，明确哪些内容可以交由下属自由发挥，哪些内容必须严格按照指令执行，并尽力地减少后者的比重。操作机械时必须遵守使用手册所示的流程，但是如果以同样的方式对待人类，对方就一定会感到主体性被侵害，进而产生适应障碍，甚至出现抑郁和精神疾病。

除了这一点之外，大家还可以采取另一个基本策略：充分尊重下属的主体性，表扬下属的优点和进步。此外，如果需要对那些没有顺利完成任务的职员给予警告，一定要注意场合，绝对不要在其他人的面前训斥对方。警告、批评时也要使用较为柔和的音调，最好同时也能给予对方积极的评价和期待。

上下级之间应保持分寸感

与上司和高层员工相比，下属和底层员工更容易因主体性受损而产生适应障碍。不过，最近，不好相处的下属越来越多，上司们也感到压力很大，甚至有人因此患上了适应障碍和抑郁症。这种情况叫作被回击型，即上司完全不能控制下属，反而被下属的言语和行为影响。

被回击型可分为两种类别：一种是下属属于反抗型和挑战型的情况；另一种情况则正好相反，下属对上司过度依赖，无法保持距离，公私不分。反抗型、挑战型的下属拥有很强的自尊心，即使对方是上司，他们也会想要和其对抗。他们会感觉自己受到了不公正的对待，产生强烈的“受害者意识”，因为一些鸡毛蒜皮的事与上司交恶，之后相处起来变得更加麻烦。只要抓到机会，他们就会毫不犹豫地申诉自己遭遇了职场暴力，或是遭到了不公正的对待。

碰上这种情况，首先上司绝对不能利用身份和职权强迫下属服从自己的命令。如果非要这样做不可，那就必须做好和对方断绝关系的心理准备，而且还要保证自己毫不失误，否则就会被对方抓住把柄。

因此，如果上司想要与这样的下属好好相处，继续培养对方的话，就绝不可以采取这种方法。较为理想的对策是表现出赞赏的态度，并努力倾听对方的意见和想法。可以先试着听听下属的方案，但不能受其影响，而要保持自己的独立判断。如果下属说得有道理，就慷慨地给予积极的评价，或者试着让下属操作一番。一旦真的把工作交给对方，千万不要指手画脚、吹毛求疵，好好监督就可以了。这一类型的下属大多数是非常能干、值得信任的人才。如果上司合理地管理他们，他们就会成为不可多得的帮手。

思维刻板、过分看重秩序和等级关系、强烈希望受人敬重的管理者容易与这一类下属产生矛盾。如果你具有过分管理的倾向，遇到这类下属之后，就容易变得更加忧郁，甚至对那些不乖乖顺从自己的人更加苛刻。如果你非常希望得到下属的认可，就会对这类下属的反抗态度感到困惑，备受打击。其实，对于上司来说，度量是很重要的，不如将这种特性看作下属的优点，表扬对方“很好”。

相反，如果下属过分依赖上司，他们一方面给予上司尊敬和信赖，另一方面也会和上司探讨私生活、恋爱等隐私话题，使得上司慢慢地被他们的步调牵着走。管理者应当注意那些过分套近乎、过分尊敬自己的人。

比起工作，私生活反而成了中心话题，一旦上司与他们的期待不符，使得他们感到理想幻灭时，他们就会对上司进行反击和批判，甚至将上司描述成恶人形象。下属到处散布谣言，恶语中伤上司，最后导致上司不能专心工作，连和其他人的关系都受到影响。这些事情也是经常发生的。

为了避免出现被回击型的问题，上司们需要特别注意，自己与下属之间应当保持适当的距离，尤其是在两人单独面谈的场合。在这种情况下，可以告诉下属“我不是专家”“个人问题，我也不是很清楚”，以此保持一定的距离。如果夸下海口“随时都可以找我”“你可以说给我听”，就会导致双方距离过近，可能引发一系列麻烦。

中高层管理者的自控之道

自1960年以来，美国学者已经证实，经理担当管理职位、负责企业经营，所以承担着和普通职员不同的压力，这些压力侵蚀着他们的身心健康。实际上，升职往往意味着责任和负担的增加，因此而患上抑郁症和精神疾病、寿命骤减的例子不胜枚举。

企业中层的管理者自己的裁量权有限，每次发生问题都要向上级汇报，必须考虑到上级的意见，协调好工作现场的需求和不满，以及组织整体的利益和方针，他们的立场相当复杂。这是一个产生巨大压力的因素。

而对于职位更高的管理者来说，虽然别人都觉得他们的压力会小一些，但是他们需要全盘掌握工作现场的情况，所以每天的日程安排都很单调，很难对工作产生热情。尤其是那些曾经从事技术职位的员工，升职导致他们的工作重心从技术变成了管理，这容易导致兴趣衰退和工作热情降低。

当所有业务稳步发展时，即使自己什么都不做，下属们也可以自己工作，公司正常运转，这时领导者的自我存在感就容易变弱。但是，一旦出现危机，就需要领导者来制定应对措施。突然重担在身，领导者自己就会陷入致命的不安中。这种危急的事态一年可能会出现一到两次，但几年之内必定会发生一次真正的大危机。

为了让自己临危不乱，领导者平时的工作习惯很重要。不遗漏任何一个迹象，快速地想到应对措施，确认其是否有发展为严重问题的可能性，还要提前做好最坏的打算，这些都是管理者和企业经营者需要具备的素质。

当然，每天这样做可能会使压力增加，但是与面对危机惊慌失措相比，这样做的压力要小很多。平时就做好应急预案，可以增加危机降临时的安心感，另外，从切实履行职责的意义上来讲，工作的充实感也会由此得到提高。

因此，如果管理者奉行安全第一主义，墨守成规，不知变通，不仅会使员工的工作热情减退，还会使企业失去发展前途。除了要切实做好危机管理，管理层和经营者还需要注意的一点是不要失去灵活性，因为要避免损失，不能过于死板。企业灵活地回避经营风险的同时，也要瞄准发展时机。

学会抓住发展机遇，不仅可以克服压力、提高工作热情，还能帮助企业焕发活力。如果工作充满意义，即使压力很重，人们也会尽力忍耐；相反，如果这份工作毫无意义，即使任务非常轻松，人们也会感到厌烦或痛苦。

管理者和领导者的重要职责就是确定企业的发展方针，让员工们的工作和努力变得有意义。这样的话，员工们的压力就会减半，而管理者和领导者也能充分发挥自己的职能，感知自我存在的价值，尽管责任和负担重了，但是相对来讲压力却减小了。

相反，如果管理者回避责任，即使眼前的负担变轻了，员工整体的士气也会降低，如果员工的情绪不稳定，他们就会不再信任、尊敬上司，企业内弥漫着批判和轻蔑的风气。要是造成人才流失或是上下级不和的问题，企业领导者的压力就会更大，甚至不得不让位于人。

领导者和管理者所处的位置、权限不同，压力的表现形式也和普通员工不同。这类人常见的压力表现为烦闷、暴躁和发怒。此外，他们也经常责备其他人，提出无理的要求，把自己不能完成工作的责任推卸到别人身上，把气撒到别人身上。如果这样的事情继续下去，周围的人就会对其敬而远之。

可以说，这种状态是缺乏灵活性、想法太死板造成的。如果管理者长期停留在一个较高的职位，这种事情就更容易发生。这是因为管理者没能很好地控制自己。

管理者其实更加孤独。很多时候，压力和怨气无处释放，只好借助酒精和赌博排解。但是，这些东西容易令人上瘾，导致大脑功能减退，灵活性降低，控制行为和感情的能力减弱，使得个体做出错误的判断。酗酒损害身体健康，赌博则会导致经济危机，甚至家破人亡。如果沉湎于这类事物，人们就会逐渐失去“安全基地”，压力倍增。将酒精和赌博作为港湾的人，要及时停止这样的行为，重新找回人生的方向。希望大家铭记，如果自己继续沉迷于酒精和赌博，无论是身体还是精神，早晚都会出现问题。

虽然管理者和领导者须具备灵活性，但是很多时候，随着职位的提高，其灵活性反而会变弱，结果导致摩擦增多，他们的压力也会增大。

很多管理层人士和领导年龄较长，往往容易陷入这样的恶性循环。不知不觉间，他们大脑里的动脉硬化加剧，从而导致大脑越发僵硬。

个体的灵活性减弱还有其他的原因，比如固守过去的成功经验，慢慢失去创新能力；为了保住来之不易的职位，总是抱着患得患失的心情进行工作。因此，管理者们总是竭力规避风险，而对于下属来说，这等于把他们置于闭塞的环境之中。这是导致员工士气减弱、冲突频发的要因。

保持灵活性的重要途径是积极对话、辩证思考。墨守成规的人很难继续成长。如果管理者和领导者敞开心扉，主动与年轻人一起讨论，采用新的想法和创意，可能会获得新的成果。

第 8 章

在家庭危机中自我进化

家人关系需要长期维护

压力并非只会在工作场合出现，压力源于家庭的情况也不少。有些人忙着抚育孩子，连休息时间都没有。夫妻间的关系既包括互相支持的一面，也包括互相挂念的一面，经常单身赴任、出差的人以及经常加班的人常常和家人错过，很少有时间教育孩子、干家务活，不知不觉就变得像局外人一样，变得只会赚钱。

发生这种情况之后，如果立即辞职回家，反而可能会使情况变得更糟，甚至有许多夫妻因此离婚——辛苦工作了这么多年，准备辞职之后好好陪伴家人，妻子却要求断绝关系，连孩子也不喜欢爸爸，希望把爸爸赶走。

有一名就职于一家大型建筑企业的男性，工作非常认真，责任感很强。泡沫经济时期，他一直加班，把身体累垮了。泡沫经济时期过去之后，建筑业不再景气，他被调到了重组的分公司。但是新单位和之前的总部天差地别，工作习惯不同，而且工作内容一直很无聊。正好这时家乡年迈的父母需要照顾，认真负责的他向妻子提议：既然自己是长子，此时就应该辞掉工作，回到家乡，一边在家乡安度余生，一边照顾年迈的父母。

但是，妻子完全受不了农村的生活，对此表示强烈反对。孩子们也都站在妈妈那边，一起炮轰爸爸：如果他想要照顾爷爷奶奶的话，就自己一个人回去！结婚时他曾和妻子约定，将来一起赡养老人，所以他原本以为妻子会爽快地答应，没有想到妻子和孩子都坚决反对。之所以出现这样的局面，是因为他长期疏于陪伴家人，根本没有意识到一家人的心已经散了。

老实的他优先选择赡养父母，因此与家人产生了巨大的分歧，最终和妻子离了婚。他卖掉房子，财产平分，最后家庭解体。

最近也有许多赡养问题引发离婚的例子。夫妻原本一直携手生活，却在对方面临困难时难以承受，积压的不满由此爆发，最终走向离婚。自己在脆弱、困难、需要帮助的时候能够得到家人的支持，这样的安心感正是亲情的证明，但是这份安心和保障却正在慢慢消失。

像蜜蜂一样辛勤地工作，但是失去利用价值之后却像垃圾一样被人扔掉——这种事情不仅发生在企业，甚至在家庭中也会出现。

实际上，当人们患有抑郁和精神疾病时，如果能得到配偶和其他家人的关怀，慢慢疗养，就有机会恢复正常，但是也有一些人一直被家人要求出去工作。他们会觉得丢人，甚至提出离婚，不仅丢掉工作，还失去了家庭。无论是失去家庭还是失去工作，都很不幸，但是失去家庭的人会更加痛苦，需要花费很长时间才能平复。

如果一个人一心扑在工作上，向来对家人不闻不问，那么这个人在关键时刻就不会得到家人的帮助。

家人之间的关系需要长期维护。如果想让家成为一个安定之所，就需要不断地进行维护，从某种意义上来讲，这比维持家庭的收入更加重要。

如何应对亲戚间往来的压力

以前，一大家子生活在同一屋檐下，很多女性受到婆婆和小姑子的挖苦。有些人认为，这样的居住方式现在不常见了，婆媳矛盾也会随之化解，实际上并非如此。即使主观上没有恶意，但是婚后双方家人之间的来往，很多时候也是压力产生的要因。

现在，以下三种情况非常普遍：其一，双方父母的想法缺乏灵活性，将自己的想法强加给婚后的儿女。这与时代变化、价值观差异无关，他们只是想要将自己的想法和期待强加给儿媳妇或女婿。虽然儿媳妇或女婿刚开始无法违抗，只能顺从长辈的意思，但是内心却是非常痛苦的。日积月累，他们最终会到达忍受的极限，导致双方感情不和，甚至拒绝往来。双方父母则会认为，明明自己是出于好意，给儿女提出了不错的建议，为什么却被无情地拒绝。他们完全没有意识到自己的做法是错误的。

在抚养教育孩子、亲戚交往等方面，为了避免过多的矛盾，父母一定要小心，不要给当事人提一些多余的建议。

实际上，有时矛盾甚至会发展到断绝关系的地步。为了避免这种情况，父母应当明白，只有当事人主动寻求建议时，自己才能提出意见。此外，儿媳妇或女婿也要努力地向长辈传达自己的想法，争取他们的理解，比如“我们已经独立生活了”“我们想要独立解决”，所以希望父母尽量不要擅自插手。

其二，有些家人的自尊心非常强，非常任性。用精神医学的术语来讲，就是非常自恋。如果婆婆或岳母从小像公主一样受人宠爱，她做所有事情都会以自我为中心；有些上流社会出身的人会怀有优越感，看不起普通家庭出身的人。

这时，普通家庭出身的儿媳妇或女婿会被人看低，受到嫌弃，自尊心遭受打击。

很多人都选择了默默忍受、长期服从。要是打算继续留在这个家里，可以把这个家庭当成严格的学校，公公婆婆、岳父岳母就是校长或者老师。

其三，遭到不通情理的亲戚的依附和利用时，虽然不能总是拒绝配偶的兄弟姐妹和其他亲戚，但是如果对待这些人过于亲切，有的人就会变本加厉。

不安感强烈、容易依赖他人的这类人本来就不擅长拒绝，所以容易卷入是非之中。虽然结婚后你和他们变为亲戚，但对于不通情理的亲戚，为了避免走得太近，不应轻易地答应他们的要求。最好避免直接回答，比如说“我需要和我的丈夫（或妻子）商量之后再答复你”。一旦你显得很好说话，就会被钻空子。为了避免冲突，大家要养成通过说“稍等一下”来暂时保留意见的习惯。

让家成为“安全基地”

如果不想被逼入绝境，很重要的一点就是要拥有“安全基地”。“安全基地”就是在你迷惑和脆弱的时候，给予你帮助和心灵慰藉的地方。小时候，你的“安全基地”是父母，随着年龄的增长，还会出现父母以外的“安全基地”。

当然，并不是所有朋友都能充当“安全基地”。因为其中有很多人是不能与之吐露心声的，彼此只能保持一般的朋友关系。而“安全基地”最重要的作用就是倾听，人们可以向“安全基地”放心地展露自己脆弱、不成熟的一面。据研究，只要拥有一个可以吐露心声的对象，自杀的风险就会减半。用日本人习惯的说法来讲，“撒娇”是很重要的。如果我们身边有可以向其撒娇的人，我们就更容易克服困难、度过危机。

对于成年人来说，大多数情况下成为“安全基地”的是自己的配偶。如果一起生活的配偶可以成为稳固的“安全基地”，人们就会更加努力地工作，压力也会减小。但是，相反，如果既承受着工作压力，又没有“安全基地”的慰藉，人们承受的压力也会越来越大。

最近晚婚、不婚的人逐渐增多，单身人群的比例不断升高。像以前那样，把配偶作为“安全基地”的情况或许不再普遍。这时，重新找到自己的“安全基地”或其代替品就成了新的课题。

另外，也有一些人不太擅长社交、几乎没有朋友。回避型依恋人群也在扩大。“安全基地”的存在方式也许会因此发生很大的改变。

你有“安全基地”吗？你可能以为，“安全基地”都是外界所赋予的，自己的努力无关紧要。小时候可能确实如此，毕竟最初的“安全基地”不是孩子自己选择的，而是由父母来决定。

但是长大以后就会明白，“安全基地”并不是我们被动接受的。“安全基地”需要自己培养、自己创造。得到了“安全基地”之后，还需要不断地加以维护。即使你幸运地拥有一个完全可以接受你、深爱着你的伴侣，如果你只知道索取，对方的爱意也会渐渐消失。伴侣是相互依靠的关系。如果你只是一味地以“成为我的‘安全基地’吧”来要求对方，只会被对方厌烦。

那么怎么做好呢？如果想让对方成为自己的“安全基地”，自己也需要成为对方的“安全基地”。

同理心是最好的安慰剂

如果想要成为他人的“安全基地”，我们应该怎么做呢？

想要成为“安全基地”，第一个条件是不能威胁到对方的安全。最容易威胁他人安全的是攻击行为。如果过多地责备对方的错误，朝对方发脾气，你就无法成为对方的“安全基地”。即使你再怎么辩解“我是为你好”，结局也是一样的。

成为“安全基地”的关键是减少消极的反应，增加积极的反应。喜欢做出消极反应的人，即使对于对方说的话有七成同意、三成异议，也会认为对方是错误的。不管对方说什么，第一反应就是“不对，你说得不对”。如果对方给你提出意见和建议，你会用“但是”来找借口反驳。

“不对，你说得不对”和“但是”这样的想法会妨碍人们得到幸福。如果试着改变这一点，就会发生很大的变化。当自己想说“不对，你说得不对”的时候，应该转而考虑对方值得赞同的地方，表达同意和肯定，如“确实如你所说，我觉得你说得完全没有问题”。

对于用“但是”来找借口反驳的人来说，最好的改变方法就是“武装解除法”。这个方法其实很简单，效果也非常好。当某人向你说了不中听的话时，不要说“但是”，只需要回答“我之前也是那么想的”就可以。比如，当有人对你说“都中午十二点了，赶紧起床”时，不要说“吵死了，休息日让我多睡会儿”，而是回答“我本来也打算一会儿就起床”。

只要做到这些，人际关系、心情和生活方式等方面就都能得到改善。其实，这也属于治疗抑郁症时常用的认知行动疗法。

第二个条件是提高回应的积极性。也就是说，当对方对你发起请求时，要及时给予回应。如果对方做了什么事情，你也要做出反馈。关心对方的言语和行为，及时做出反应，这是基本的要求。

“回应”对于教育孩子也是非常重要的。增加对孩子的反应，可以使自己和孩子之间的关系变得更加稳定。观察那些擅长照顾孩子的人，你就会发现，他们会频繁地给予孩子充分的回应。因为与孩子打交道时，不讲话是不行的。

还有一点不要忘记，“回应”指的是针对请求做出回应。但是如果对方没有请求，只是自己这一方强制对方做些什么，这不是回应，而是支配和控制。如果那样，对方会觉得不舒服，反而不可能让你成为他的“安全基地”。

第三个条件是要增强同理心。同理心是指与对方分享感受、站在对方的立场思考问题的能力。提高同理心的秘诀是不要只关注结果，而要多关注过程，并且多对过程进行积极评价——不说“100分好厉害啊”，而说“你学习那么努力，真是太厉害了”，这才是具有同理心的人会说的话。即使成绩不太好，只有60分，也可以用这样的话来鼓励对方。如果他人身处逆境，我们可以用这种方式帮助他。

积极反馈才能有好的亲密关系

正如上一章所述，根据依恋类型的不同，人们对于压力的耐受程度和处理方式也是不同的。

为了维持恋人或夫妻之间关系的稳定，我们必须明白自己的感情处理方式属于哪种类型，自己容易陷入什么样的麻烦。

对于属于不稳定型依恋的人来说，“安全基地”是相当重要的。长大以后，“安全基地”会从父母变为恋人或者配偶。

容易感到强烈不安的人，有时会形成一种不知不觉做出消极反应的习惯。明明非常依赖对方，却无意识地贬低对方。这种类型的人很容易心怀不满，并且经常因为一些细小的问题而责备、攻击他人。哪怕是对一些细小的不满和问题，他们也会做出过激的反应，无视其他方面的优点，全盘否定事物。

那是因为他们延续了小时候的习惯——虽然依赖母亲，但是如果母亲没有给予自己期望的安全感，孩子就会冲着母亲大发脾气。如果长大之后还做这样的事，很有可能会失去一直支持自己的人。

了解自己发泄情绪的消极方式，尽力减少这些做法；多给予他人积极正面的反应；接受对方的缺点，怀抱一颗宽容之心……这些都可以帮助我们巩固自己与他人的关系，其中当然也包括夫妻关系。

回避型人格如何改善相处模式

对于回避型依恋人群来说，拥有一两个可以谈心的人就足够了。对于这一类型的人来说，亲密关系和人际交往都是负担。因此，“为家人服务”这件事也会使他们感到麻烦。与之相反，安定型依恋的人则会真心实意地为家人服务。

回避型的人不会依赖他人，也不会在他人有困难时给予关心。这种态度会被视为冷漠，这类人也容易被孤立。

夫妻相处也是同样的道理。如果你有一位回避型的配偶，你会时常感觉自己被对方无视，因而压力很大。久而久之，双方的立场会倒转过来，回避型的人变成了被配偶忽视的一方。

人际关系是相互的。如果疏于关心别人，这种懈怠迟早会影响到自己。如果“安全基地”已经不再是“安全基地”，而变成了“危险之地”，就为时已晚了。

为了更好地完成工作，你需要维持好“安全基地”，并让其支撑着你。为了维持自己的“安全基地”，不能疏于维护。如果想让配偶成为你的“安全基地”，那么你也要努力成为配偶的“安全基地”，这是很重要的。

回避型的人不擅长回应，所以对方很难感觉到关心和安全感。这时，他们需要努力增加回应。丰富自己的表情、增加亲昵举动，这些都可以提高回应的积极性。

第 9 章

面对挫败，如何锤炼心性

如何提升自我应对能力

现代社会被称为“压力社会”。几乎每家公司都有员工患抑郁症，无论是大型企业还是中小企业，甚至公务员、学者也是如此。若要在职场上出人头地，我们必须掌握稳定情绪的技巧，这与其他工作技能同等重要。

最后两章，我们将探讨如何面对压力，如何克服困难。

这些问题一直以来在医学领域都没有被探讨过，只是每个人一边积累人生经验，一边随机地学习，浅层次地接触过。

但是，处理问题的技巧和方式是否影响到了适应能力，这也是确诊患病的重要标准，这样考虑的话，我们就不能只是随意地学习，而在医学上也应该涉及这一部分。

这里我要列举的是“应对能力”。提高这个能力，可以预防患病，而且它对于恢复社会适应力来说也是不可或缺的。

虽然应对能力包含很多层次，但是这里大致将其分为被动的应对能力和主动的应对能力。被动的应对能力是指当个体面临某些压力时，与解决问题本身相比，选择更加消极的面对方式更容易帮助消除压力。我们身边最常见的被动的应对能力的例子，就是采取充耳不闻或满不在乎的态度。认为他人并没有恶意，所有事情都往好的方面想，这也是一种被动的应对能力，在医学治疗里叫“认知疗法”。

另外，主动的应对能力是指通过实际行动寻找问题的根源，并发动周边的人一起来解决问题，减轻自己的压力。清楚地传达自己的主张和想法，这是一种重要的主动的应对能力，与他人商量或者向专家寻求帮助也属于主动的应对能力。

医学和心理学主要采取两种治疗方法来促进主动的应对能力：动机访谈法和焦点解决模式。除此之外，还有社交能力训练、说话训练等训练方式。

这两种方法都很重要，但是如何使用这些方法也很重要。有的场合适合采用被动的应对能力，有的场合则适合运用主动的应对能力。

从节省精力的角度来讲，面对不太重要的情况，人们适宜采取被动的应对能力处理；而对于自认为很重要的情况，一定要采取主动的应对能力处理。这是基本的方针，最好做到张弛有度。如果以忽略还是采取行动这个视角来掌握情况的话，处理起来会比较容易。并且我们要注意，如果遇到了非常重要的事情，必须采取快速且强有力的行动。

第九章将介绍提升被动的应对能力的方法。第十章将介绍如何促进主动的应对能力，其中包括动机访谈法和焦点解决模式。

自尊心受损是最痛苦的

人生充满了各种问题和麻烦。如今，在这个社会生存下去变得越来越困难，大家都没有多余的时间，而是一心处理自己的事情，因此容易出现不合理或是漠不关心的情况。但是，一味地感叹命运的不公和不合理，埋怨身边的人或自己，这些做法只会加重自己的问题或痛苦，重要的是学会如何处理已经发生的事情。

为了心理不受打击，我们要如何面对并克服不愉快的事情呢？我们将在此讨论心理遭受打击的原因，其中最常见的就是自尊心受损。

人们一般不会因为工作劳碌、工资低这些原因而心理受挫，但如果自己的努力和重要信念被否定，就很容易意志消沉。那是因为人们的自尊心受到了伤害。人们在这方面表现得非常脆弱。即使其他问题可以忍受，但如果自己珍视的东西被人否定，心灵也会深受打击，有人甚至会被逼上绝路，选择自杀。

曾经有一位优秀的心脏外科医生，非常认真而且无私奉献，医术也是一流的。但是，无论医生的医术多么高明，也无法拯救所有病人。他的一位患者在手术后去世了。虽然责任并不在于那位医生，但是患者的家属不能接受，他们起诉了这位医生。这位心脏外科医生一直都比其他人更加自信，如今却站在被告席上，并且被人质疑自己的医术，这对于他来说是一种屈辱。因此，他最终选择了自杀。

越是重要的东西被人践踏，人们的心理就越容易受挫。为了不被逼上绝路，我们应该怎么做呢？重要的是保证自尊心的方式。如果一个人被他人表扬和赞赏时容易获得自豪感，那么得不到赞赏时，他的自尊心就会受损；如果一个人取得完美的结果时容易获得自豪感，万一结果并不如意，他的自尊心就会濒临崩溃。

那么，面对压力和困境，我们应该如何保持自己的自尊心呢？我们应当采取自己认为最合适的行动方式，以此来获得自豪感。自尊心会受到他人评价、事情的结果等各种因素的影响，但是合适的行动方式是由自己的信念和努力来决定的，所以自尊心不会受此影响。即使对方给予了否定评价，或是结果不尽如人意，只要我们对自己的信念和努力拥有自豪感并全力以赴，我们就可以为自己感到骄傲。

周围的人评价如何、最终的结果如何，这些都无法通过自己的努力来改变，也牵涉到各种偶然因素。因此，即使受到上司或客户们不合理的斥责，或是虽然自己付出了努力，但没有收获满意的结果，只要我们已经采取了自己认为最合适的行动，就应该为自己感到骄傲。

因自己的努力而自豪

接下来，我们讨论一下更加贴近我们生活的例子，比如接待客人时经常被骂或被人讨厌。

某位女士在一家大型服装品牌店担任销售组长，长期辛苦地工作，积劳成疾，最后辞职了。她康复后又找了一份工作，负责销售电子词典。无论是介绍产品还是接待客人，她都做得很优秀，所以销售业绩一直升高，但是使她烦恼的是一位只问价而不买东西的40岁客人。这位顾客明明从不购买，却一直向她咨询，甚至还打探她的隐私，故意做一些身体接触。因为对方是顾客，所以她不敢向别人抱怨和求救。但是一想到工作时不得不面对这样的顾客，她就觉得非常苦恼。可以说，正是因为身为专业销售人员的自尊心受到了伤害，她才会如此痛苦。

她属于信奉顾客至上原则、重视他人评价的类型，这使得她坚信，绝对不能惹客人生气。但是，倘若客人行为不轨，应该明确地告诉他“请停止你的骚扰行为”。如果为了得到对方的赞赏，认为自己只是做了合适的行为，她的处理方式也是错误的。这位女士过于看重他人的评价，因而过度拘束自己的行为，这也是她在之前的职场产生压力的原因。

为了采取自己认为最合适的行动，我们需要在平日里就养成自我判断和行动的习惯。也就是说，不要总是受他人评价和结果的影响。这不仅可以在困难面前保护自己，也可以帮助我们活出自己的样子。

越挫越勇的思维习惯

减少压力、预防抑郁症的另一个要点是避免陷入完美主义。完美主义或极端化思维容易导致抑郁、自杀。必须所有方面都达到完美才能算是满分，纵然只有一点缺陷，就将整体彻底否定，这是一种零和的认知模式。因为想要达到完美，就会不断地为难自己，一点错误或失误也会令人感到全盘皆输，心情变得失落。

极端化思维是指只有正反两面的思维方式——要么都是好的，要么都是坏的；要么都是真的，要么都是假的，不存在中间选项。但是，现实世界中并不存在完全的好或完全的坏。真伪问题更是非现实的，它属于人称“纯粹科学”的想象世界，现实生活中找不到所谓的“普遍真理”。

具有极端化思维方式的人，思考问题往往会很极端。极端的思考方式和处事方式大部分都是有害的。无论何时，适度都是最好的。为了避免自己陷入不幸之中，我们应摒弃极端化思维，凡事适度处理。

不过度追求完美

如何做到适度呢？其中重要的一点就是如果无法达到满分，只要自己能做到50分就应满足，也会感到高兴。

换句话说就是降低期望值。人们会因为自己的理想与现实存在差距而内心受挫。面对同样的现实，期待越高，压力越大，人们就越容易灰心丧气。

完美主义者更容易发生适应障碍和患抑郁症，毕竟他们一直期待满分，即使得了90分也不会感到满足。如果总是过分、强烈地渴求他人的爱和认可，些微责备就会引起强烈的内心不安，阻碍心理的健康调整。

即使没有满分，也能对50分的成果感到满足，我们要尽量做到这一点。如果与得到他人的评价相比，你更重视自我评价，那么即使没有得到他人的肯定，你也不会大失所望。实际上，越优秀的人越容易受到强烈的批判和诋毁。所以，不妨从相反的角度来看待他人的负面意见。

配偶之间的关系也是一样。如果追求满分，那么只要存在一点矛盾，就会感到厌烦；如果双方都对50分感到满足，那么达到60分时就会非常满足。

在困境中调整期望值

用更加积极的说法来讲，降低期待值就意味着发现积极的地方。比起消极的方面，更珍视积极的一面。无论处境多么糟糕，肯定也存在着积极之处，学会这样看待事物，就能掌握幸福的秘诀。

这一点不仅在自尊心受到伤害时有用，而且对于克服其他困境也有益处。这是一种重要的治疗战略，用来治疗带有强烈的自我否定倾向、反复进行自杀或自残的边缘型人格障碍。我们应该用积极乐观的心态来看待事物，相信无论多么糟糕的事情，肯定也有好的方面。

像之前提到的心脏外科医生，当他遭遇被人起诉这样的糟糕事情时，如果能用积极的心态去面对，也许就会产生不一样的结果。他的心境会变得更加乐观——相信自己一定从这件事情中吸取教训，得到锻炼，反而更加坚定了自己的信念。

当你受到上司或顾客的责备与厌烦，或虽然努力却没有获得成果时，也可以采用相同的方法。即使某件事乍看之下全是坏处，但其中肯定也有可以吸取经验、教训的地方，这能够使自己进一步成长。

这一处理方式对于完美主义者特别有效。为了不受种种障碍的困扰，我们不应持有完美主义思维，不要认为“如果没有达到满分，就等于零分”，而是应该拥有“即使只有20分也比0分要好”的心态，从而坚强地活下去。

走出逆境的契诃夫

留下《樱桃园》等不朽巨作的安东·巴甫洛维奇·契诃夫曾在年轻时遇到了非常大的困难，但是他没有过分地在意这些，而是轻松地克服了消极心态。他的悲剧是从父亲破产开始的。自家经营的杂货店破产之后，父亲连夜逃之夭夭，接下来母亲和幼小的兄弟也跟着逃走了，房子被抵押给了债主，年仅16岁的契诃夫只身留在故乡。

他只能一边向身边人寻求接济，一边当家庭教师来维持生计。不仅如此，得知逃到莫斯科的家人生活窘迫之后，他甚至从自己微薄的生活费里取出一部分，寄给他们。他最开始写短篇小说，也是为了赚取稿费。

尽管处境十分困难，但是契诃夫并没有陷入绝望，他没有向命运低头。这段坎坷的经历使契诃夫养成了积极的思维方式：无论在什么情况下都清楚自己的价值，并有尊严地活着。无论处在怎样的困难中，契诃夫都不忘记微笑和幽默，并将之视为一件有意义的事。这一境界就体现了弗兰克所说的“态度的价值”。

克服个体依恋的悲伤

适应障碍的源头之一是个体依恋的事物。离开自己熟悉的人或环境之后，人们往往会在不知不觉中感到巨大的压力。对于喜欢探索新奇事物的人来说，新的环境会使他们兴致高昂、精神抖擞；但是对于偏好安定的人来说，失去自己依恋的事物时就会产生苦痛和悲伤。

这种失去依恋对象的经历，即所谓的“丧失经历”，也是抑郁症的主要发病原因之一。有些人甚至会因结婚搬家变得抑郁，本应度过幸福的同居生活，结果却每天都很痛苦。很多时候，他们本人并不清楚其中的原理。只有在抑郁状态减轻之后，再回顾自己身上发生的事情，他们才会发现，原来离开自己一直熟悉的生活环境正是自己抑郁的原因。

失去依恋对象之后，如果毫不自知并且一直压抑情绪，就会带来最坏的影响。首先，要自己察觉到这份悲伤。其次，不要把负面情绪闷在心里，而是要用语言或行动表达出来，也就是做出“发泄行为”。

同时，不要放弃对未来生活的期待和规划，并为之努力。这就与自行车的原理一样：车轮转动的时候，自行车的状态最为稳定，一旦车轮停止运转，车身就会晃晃悠悠，最终摔倒在地。

建筑家弗兰克·劳埃德·赖特在47岁的时候遭遇了巨大的悲剧。仆人放火烧了他的房子，他的妻子和孩子遇害。他依靠夜以继日的工作，度过了那段艰难痛苦的日子。

大家回忆一下前文提到的精神科医生维克多·弗兰克，他被关在波兰奥斯维辛集中营里三年，陆续失去了妻子、父母等亲人，失去了原先拥有的一切，那他是怎么战胜这种困境的呢？他认为这份巨大的苦痛背后存在着某种意义，正是因为他在惨痛的经历中找到了新的生存意义，才没有被命运击垮。

面对高压要懂得思维转换

在提高抗压能力时，还有一点很重要，那就是要学会转换思维。陷入适应障碍、情绪抑郁时，人会处于一种长期受到问题和挑战困扰的状态之中。人们会一直考虑这些烦心事，无法转变思维方式、重新振作起来，脑海中一直浮现自己被人斥责的话语和画面。

容易陷入反刍思维的人，更容易变得抑郁，因此平时养成规避反刍的习惯尤为重要，同时，我们还要学会陷入反刍思维之后如何进行思维模式的转换。

大家平时应多注意进行思维转换训练。简单有效的转换方法有活动身体、移动位置，比如离开公司回到家里。思维转换的时长保持三十分钟以上为佳，可以做一些平时爱做的事情（听音乐、读书、浏览新闻），默想和闭目养神则更能促进思维的转换。

如果家和公司离得很近，采取走路或者骑自行车的方式通勤往返，不仅可以延长思维转换的时间，而且增加了运动要素，有助于推进思维转换。

还有一个方法是平时培养规避反刍思维的习惯。当意识到自己多次重复思考同一件事情时，可以这样问问自己：“考虑这件事情对我有什么帮助吗，有什么好处吗，能够改变结果吗？”

如果反刍思考有助于取得良好的结果，那么也不妨进行深层次的思考。但是，如果答案是否定，我们就应该这样说服自己：“再怎么考虑，结果也不会改变了，快点放下这件事吧。”并且，立即赶跑那些想法。此时进行深呼吸或晃动脑袋都可以促进思维的转换，还可以使用喊“停！”或是啪的一下扯断橡皮筋等方法。

这些方法属于一种人称“思考停止法”的认知行为疗法。

别对自己的人生设限

有些人已经尝试了各种方法，却怎么也无法适应环境。尤其是在价值观、兴趣爱好和生活方式等方面，越是想要适应，就越不能顺利地适应。即使表面看起来已经适应了，但心中仍然存在难以言说的异样感觉，并且这种感觉会不断地累积。忍受的时间越长，受到的伤害就越大，久而久之，想要进行修复就更加困难。年轻时或许还能修复，但是如果一直忍受，等到年老就无法修复了。

所以，年轻人不要局限于一种可能性，白白地限制住自己，应该多去尝试其他可能性。从这种意义上来讲，虽然适应障碍会使人失去活力，但是这恰恰提醒自己，勉强待在错误的环境里并不是明智之举。很多人出于现实的考量，不得不留在并不适合自己的环境之中。关键是认清自己与环境是否根本无法融合，抑或只是一些细枝末节的问题，而自己对于主要的部分还抱有热情。

源远流长的“新型”抑郁症

新岛襄开办同志社大学，掀开了日本教育的新篇章。其实他也曾经有一段时期苦于适应障碍。

新岛襄的幼名是七五三太，据说这个名字是他的祖父起的。新岛襄的母亲连续生了四个女孩，最后终于生下一个男孩，他的祖父高兴地大叫“しめた”[①]，他的小名因此而来。还有一种说法是，新岛襄生于新年，也就是生于“しめ縄”[②]时期，所以起了这个名字。无论哪种说法，毫无疑问的一点是，他是全家人盼望已久的男孩，故而他一直受到父母和祖父的疼爱。或许幼年时期的新岛襄就已经具有了固执己见、我行我素的性格特点。

新岛襄的父亲在安中藩（如今的群马县西北部的一块小领地）做着记录员的工作，俸禄很少，在江户的家臣中也是最低的。但是，那里的总管家和新岛襄的祖父颇有交情，所以双方结成了亲家，而新岛襄也备受外祖父的宠爱。

新岛襄好奇心旺盛，这使得他成长为一个坚持己见的年轻人。只要是自己认定的事情，无论对方是父母还是领主，他都绝不让步。在封建社会，顶撞父母已经是大逆不道，更何况顶撞领主，这根本是不可想象的事情。但是，这位青年却这么做了。

新岛襄曾被任命为藩主的护卫。他认为这份工作非常无聊，于是常常旷工，偷偷地跑到兰学[③]塾学习。一天，正好赶上藩主有急事要外出，于是他被藩主抓了个现行。虽然受到了藩主的直接警告，但是新岛襄没有辩解，而是默默地承受着藩主的责备。换作一般人，发生这种事

① 日语感叹词，表达喜悦之情，意为“好极了”，同时与“七五三太”谐音。

② 即“稻草绳”。新年之际，日本家家户户都会悬挂稻草绳，祈求平安和好运。

③ 18—19世纪，荷兰商船曾来到日本，日本人与荷兰人接触，了解了许多西方的科学文化知识，这些知识因而被称为“兰学”。

情之后，一定会害怕得不敢再犯，从此兢兢业业地工作吧。但是，新岛襄并非如此，他依然旷工去兰学塾。

当时，安中藩是谱代大名[①]的藩，藩主讨厌西洋学问。因此，新岛襄很快就被人盯上了，而自己却毫不知晓。一天，新岛襄又在准备翘班时被逮住了，再一次被带到藩主面前。像他这样屡教不改的情况，即使被处以斩首的严酷刑罚，也没有理由为自己辩驳。

在这种情况下，一般人为了保住性命，肯定会承认错误，并发誓以后一定服从管理。但是，新岛襄不仅没有承认错误，甚至还向藩主大胆地表达自己的观点，还与藩主发生了口角。尽管藩主讨厌新岛襄的做法，但最后也许是被他的执着所感动，并没有狠狠地惩罚他。那之后，新岛襄仍然继续从事护卫的工作，但是多亏总管家的妥善处理，他最终成功地辞去了这份工作。

新岛襄原以为自己可以继续自由地研究学问了，可事实并非如此。他的父亲想让儿子接替自己的工作，将新岛襄带到藩署见习。父亲可能是为了新岛襄的未来考虑吧。可是，这对新岛襄来说却是个噩梦。

这个时期的新岛襄并没有固执己见、一意孤行，也许是因为父亲的好意很难违背吧。新岛襄没有办法，应父亲的要求开始从事帮忙整理材料的工作。原本十分精神的新岛襄开始变得奇怪起来：无论是心情还是身体都很沉重，早上起不来床；不愿见人，身体使不上劲；就算勉强开展工作，也常常头痛眩晕，完全无法工作。有时发烧，然后沉沉地睡下。虽然他吃了医生开的药，但也只是退了烧，身体乏力、心情沉重的病情一点儿也没有得到改善。医生好像也察觉到这位青年的症状是由心

① 又称“世袭大名”，指1600年关原之战以前一直追随德川家康的大名。江户时代，俸禄高达一万石以上的武士被称为大名。

病引起的。

幸运的是，父亲和祖父都意识到，因为他们勉强新岛襄做他不喜欢的事情，新岛襄才会生病。那之后他们便同意他辞掉工作，偶尔允许他放松，甚至给他零花钱。说是溺爱也罢，但这最终挽救了新岛襄，说明父亲和祖父的处理方式是正确的。在人们脆弱时，如果继续受到严格的对待，事态就会进一步恶化。

新岛襄获得自由后便重新回到兰学塾上学。这样一来，他很快就振作起来，头痛和头晕的症状也都消失了。

一旦来自外界的压力消失，新岛襄的病情就马上好转，从这一点上看，属于典型的适应障碍。如果用现在的诊疗手法来判断，新岛襄也许会被诊断为“抑郁症”。新岛襄的抑郁症状并不只是心情低落，还伴有反应迟钝等躯体化表现，因此属于广义的抑郁症范畴。

但是，新岛襄只要停止自己不喜欢的工作，或是做自己喜欢的事情，抑郁症状就会立马改善，这样看来，也很像近年流行于年轻人群的“新型抑郁症”。

细心的读者也许还发现，新岛襄的抑郁表现之一为早上起不来床。忧愁型抑郁症就以白天起床困难、夜晚难以入眠为特征；与之相反的则是非定型抑郁症和季节性抑郁症，这两类患者会出现嗜睡症状。此外，有很多双相障碍患者在转为抑郁症后不仅嗜睡，而且身体沉重、浑身乏力。

以上都属于反复或周期性发作的抑郁症。但是，新岛襄从那之后再也没有出现类似的症状。所以，新岛襄的病例还是属于适应障碍。

如此看来，“新型抑郁症”其实并不是新的，这种病从江户时代就存在了。

挺住才能远离痛苦和绝望

从新岛襄克服适应障碍的案例中，我们可以看到适应障碍的本质和改善方法。如果人们一直忍受使自己感到不快的事情，身体和心理都会做出反抗。这种反抗的初级阶段就是适应障碍。人的身体以“生病”这种形式发出了求救信号。如果人们无视这些信号、不采取改善措施的话，症状就会逐渐加重，最终演变为真正的疾病。这些症状应认真对待。很多时候可以采用一个快速的解决方法，那就是坚持己见。如果人们抑制内心真实的想法，一直咬牙忍耐不适，就会渐渐地陷入泥沼，无法解脱。

毫无干劲的状态一直持续，却碍于他人的期待和面子而不得不在讨厌的环境中挣扎，这是人生的失败。不如立刻辞职，到其他地方让自己发光。这样做的话，不仅可以消除眼前的痛苦，也能够重新发挥自己的价值。

举个极端的例子，作家赫尔曼·黑塞一直被自杀的想法困扰。他不仅承受着事业压力，还要照顾病重的前妻、安抚现任妻子，经济状况十分窘迫。雪上加霜的是，新作小说收到了许多恶评，黑塞陷入绝望之中，一度想用自杀的方式来逃离这些苦痛。

当时，40多岁的黑塞努力使自己冷静下来，并做了一个决定：不管怎样，先试着活到50岁；如果到了50岁仍然活得很痛苦，还是想死，就允许自己自杀。后来，黑塞的这种苦痛并没有一直持续下去，他的心情开始变得愉快，情绪逐渐平复下来。最终，黑塞平安无事地迎来了50岁，自杀的想法当然也消失了。

第 10 章

掌控情绪的终极方法

烦恼是可以克服的

人生中充满了烦恼。烦恼究竟是什么呢？仔细思考就会发现，烦恼其实包括了两方面。

烦恼的一个含义就是苦恼。虽然想这样做，但是这样做会遇到很多困难，需要付出很大的代价，因此无法下定决心。有时候连自己都不知道到底该如何决断，或者纠结是继续还是重新开始。

也就是说，烦恼意味着难以抉择。虽然心里很想做出决定，但现实却是怎么也决定不了，始终在几个选项之间摇摆不定。可以说，这就是一种痛苦。

烦恼还有一个含义，即问题无法解决。如果问题能轻易解决，那就称不上烦恼了。虽然想要解决问题，但是自己能力有限，然后这个问题一直成为心理的负担。有时，人们不敢直面问题：即使绞尽脑汁也想不出解决的办法，于是，干脆回避问题本身。但是，如此一来，问题还是没有得到解决，只是暂时藏进了内心的某个地方。所以，未能解决的问题也会成为烦恼。

这两点看似理所当然，不过在克服困难、解决烦恼的时候却是非常重要的立足点。从“烦恼等于苦恼”这方面解决，烦恼是可以被克服的。从“烦恼就是决断困难”这方面解决，烦恼也是可以被克服的。本章将介绍两种典型的方法，帮助大家克服常见的困难和烦恼。

如何处理矛盾的心情

首先来看克服苦恼型烦恼的方法。

在感到烦恼的时候，人们会陷入无法做出决断和行动的状态，纠结于到底是这个还是那个。

导致决策困难和抓狂的一个重要因素是二元性。所谓的二元性，是指相互矛盾的心情。人类是个矛盾体，经常会在两种不同甚至相反的心情中摇摆不定，比如虽然自己爱着妻子（或丈夫），但同时也爱着情人，两者无法取舍。

二元性是人类与生俱来的特性，它潜藏于很多心理问题和精神疾病的背后。

人们常常遇到“不知道选哪一个”的决断困难，心被来回拉扯，这就是二元的纠结状态。莎士比亚笔下的主人公哈姆雷特就有这样的苦恼：“活着还是死去，这是个问题。”更加准确地说，他苦恼于应该向杀了自己的父亲并娶了自己母亲的叔叔复仇，还是应该逃避现实。

在美国著名小说《飘》中，女主人公斯嘉丽·奥哈拉也在苦恼：她不知道自己的真爱是花花公子瑞德·巴特勒，还是安静诚实的艾希礼·威尔克斯。虽然她和瑞德结了婚，但是很快就为自己的选择感到后悔。其实她的心里始终爱着艾希礼，但她自己却一直没有意识到这一点。

为什么斯嘉丽没有做出正确的选择呢？因为她在一些方面爱着瑞德，而在另一些方面爱着艾希礼。她认为瑞德勇敢且行动力强，这一点很有魅力，但是她又讨厌他的傲慢和任性。另外，她喜欢艾希礼的亲切和无私，但是又讨厌他的怯懦和软弱。每一位男性都兼具优点和缺点，选择谁作为伴侣的确是个令人烦恼的问题，这也是个经典的二元苦恼问题。

二元的苦恼在生活中随处可见。例如，人们苦恼到底应该选择哪份工作，酗酒和嗜赌的人苦恼到底要不要戒掉坏习惯，一心希望事业有成的人苦恼到底应该选择哪种方法和策略。这不仅是每个人都会面临的实际问题，也是心理学和哲学的重要课题。

大部分人都面临着二元苦恼问题，这会使得人们的决断力和行动力变弱。正确地认识自己的二元苦恼问题，可以帮助自己做出更好的决断和行动。

首先，我们应当坦然地面对自己内心的苦恼。请回想一下现在或者过去你所面临的抉择问题或者进退两难的情况，也可以参考身边人的例子。

当然，克服二元苦恼问题的方法不止一个。这里介绍其中一个非常有效的方法——动机访谈法。它是一种精神医学疗法，已经在临床上被证实有效。

这个方法以事实观察为基础。也就是说，人们在陷入二元苦恼时，会变得抑郁，失去自信，不知道应该怎么办。因此，为了使人们提升自信，恢复活力，只要解决二元苦恼问题就可以了。

那么，如何消除矛盾的心理状态呢？

顺利决策的三种方法

动机访谈法主要有两个原理。

一个原理是当人处于矛盾状态时，若强制往其中一个方向上发展，结果反而一定不会向此方向发展，即产生反作用。

例如，有一位男士对自己的工作能力失去信心，不愿上班。如果他的妻子对他说“上班是你的责任”，结果会怎么样？

也许那位男士心里承认上班是自己的责任，他应该去上班。但是，实际上他却不愿意去上班。也就是说，他陷入了二元苦恼中。若一味地劝说他去上班，他反而会觉得自己太懒，产生自责的情绪，变得更加消沉。

更糟糕的是，当男士说“去上班太痛苦了”“我想要辞职”时，对方回复“你在说什么呢？工作是理所当然的事情，不然要怎么维持生活？”之类的话，那位男士就会后悔说了实话，并且会为无人理解他的痛苦而感到绝望。那样的话，他会更加痛苦，甚至觉得只有离开这个世界才会解脱。这不利于恢复他的活力。

这一原理同样适用于经营和销售。二流的销售人员想让顾客买东西，而一流的销售人员则是让顾客想要买东西。如果一味地猛烈推销，那些原本犹豫的顾客反而会打消购买的念头，因此绝对不要勉强顾客。即使顾客在店员强烈的推荐下买了东西，后来也可能会挑三拣四，还有些顾客甚至在付款前放弃购买或是与店员产生矛盾。

因此，当我们陷入选择的难题时，首先要做到保持中立。不强行支持其中一个选项，让矛盾的心情保持原样。

我们不应该干涉他人的决断，能做出决断的只有当事人。但是，如果认为“这是你自己的事情，你自己拿主意”而放任不管，也无济于事。而当事人若想从矛盾的状态中解脱出来，做出正确的决断，就需要接受他人客观的建议，并明确自己的想法。

因此，首先最重要的是原样接受矛盾的心情和想法。对于这种状态，很多人会支持符合自己价值观的一方，并且会努力说服对方接受这个选择，有时还会高声斥责对方“你的话难道不自相矛盾吗？这和你刚才说的完全不一样呀”。

但是，这是愚蠢的做法。人们正是因为心情矛盾，所以才会烦恼。存在矛盾是理所当然的。站在十字路口前犹豫不决，持有矛盾的心情和想法是再正常不过的事情。如果当事人从一开始就不愿承认矛盾的存在，只会让自己更加困惑，带着尚未消除的困惑继续前进，最终不得不推翻之前所有的努力。那样会造成更大的损失。

因此，首先应该认真地倾听当事人的话，理解当事人的心情，这是非常重要的。绝对不能一味地批评或者否定当事人。

另外还有重要的一点：共情。共情有很强的力量。

即使被强制要求改变，人们也不一定会改变，反而会产生抵触心理。但是，如果好好利用共情的话，人们的心灵就容易产生新的变化，因为一直尘封于内心的某种力量被激活了。

研究结果显示，人们通过对话获得的动力多少取决于对话双方是否达成了共情。如果只是一味地灌输自己的建议，不能理解对方的心情，毫无同理心可言，自然也无法形成共情，对话不会起到任何效果。我们首先要做的不是“说”，而是“听”。当对方在说话时，我们应尽可能一边耐心地倾听，一边与其达成共情。

在有助于形成共情的倾听方法之中，普通人也能立刻运用的技巧是反射型倾听。反射型倾听是指像镜子反射光线一样，对他人的发言进行反馈。这个方法包含三种具体做法。

第一种是回音。当他人说话时，运用表情、肢体动作和言语附和来进行反馈。这样，说话者感觉自己就像是在音响效果很好的舞台上唱歌一样，心情会更加愉快，话题也更加深入。

第二种是重复，就是重复说话者所说的话，让他觉得自己说的话被人认真听取了，同时还能帮助当事人整理说话的要点。

第三种是对他人的发言进行归纳、提炼。通过“您刚刚说的是……吗？”“您的意思是……吧”之类的说法来提炼他人的发言内容，当事人就会认为，自己的意图确实被人理解清楚了。另外，切勿原话照搬，而要将容易引起歧义的表达进行整理。

如果当事人说“不是，稍微有点问题”来进行修正，那么就需要再次重复对方的发言，这样既能表现自己的同理心，又能帮助当事人整理说话的内容。

理解对方话语的含义，并对发言进行简短的整理之后，通常会引起两种反应：一种是即使细节上有些差错，只要大意相符，对方就会回复“正如你所说”“就是那样”；另一种是即使只是无关紧要的问题，对方也会摇头说“不是，不对”。其实，我们只要观察这些反应，就能了解对方的秉性。

前一种类型的人具有较强的同理心和协调性，与细小的错误相比，他们更加关注整体。他们乐于与别人建立联系，也容易维持信赖关系；而后一种类型的人缺乏同理心和协调性，过度强调细枝末节，不容易与其他人建立联系或维持信赖关系。无论处于什么情况，前者都能保持积极的心态，做出善意的理解；而后者一旦发现了细微的错误或者失误，就会对整体产生不信任感。这时，如果我们也纠结于细枝末节，事态将难以控制，有时还会激化对立。我们应该忽略细枝末节，放眼全局，立足整体。

找出你苦恼的根源

另一个原理则以某一经验的事实为基础。人们在发生变化时，首先会通过言语表达自己“想要改变”的意思。言语上发生变化之后，行为也会跟着改变。尤其是对于那些长期在家里蹲的依赖症患者来说，这一表现特别明显。

从“要是那样就好了”的期待阶段到“想要那样”的意志阶段、“无论如何也要那样”的决意阶段，再到“为了那样而考虑具体方法”的准备阶段，人们渴望变化的意图在逐渐增强。

在动机访谈法中，我们将受访者表明自己想要改变现状的话语称为“改变语句”。这一访谈法的目标非常明确，就是要增加并强化改变语句。我们不妨来看一下实际操作的步骤。首先，访谈者要带着同理心去倾听受访者的话语，接受受访者的矛盾心情。这时应该注意的是，有时受访者似乎正面临两难的局面，但其实问题核心并不在此。

例如，受访者不愿上班的情况，如果我们仔细分析其“想上班的心情”和“不想上班的心情”，就会发现真正的原因其实是受访者被上司责备导致自尊心受伤，或是担心失败遭到责备、倍感不安和压力等情况。

这时，表面上看起来“去不去公司上班”是两难问题，然而真正的问题其实是“自尊是否受伤”。当事人一方面想要得到上司的认可，重拾信心；另一方面也害怕回到公司后再次遭遇失败，自己会更加受伤。

在这种情况下，无论他人在劝说当事人回去工作方面下多少功夫，也不会有太大效果，不如针对当事人“不希望自尊心受伤”和“希望重拾信心”的心情，对症下药，或许效果会更好。

然后，我们应当仔细观察，找出当事人真正的苦恼根源。即使只有一点点的关联，也要刨根问底：“那是为什么？”“那是怎么回事儿？”再运用“你苦恼的问题是这个吗？”之类的句式进行简明扼要的总结，帮助当事人逐渐明确自己的苦恼源头。

敢于表达内心的想法

一旦明确了患者真正的苦恼之源，下一步就是引导他们说出改变语句，并不断强化。也许有人认为，“话语”只是口头上的东西。但是，话语能够影响当事人信念的坚定程度、意图的明确程度。

日本传统文化认为，正如“不言实行”这句格言所示，不诉诸语言，将意思埋藏在心里，才称得上是真正的意图。

只是，如果当事人的内心想法尚不明确，遵照“不言实行”的做法，反而很快就会陷入困境。

“说话模棱两可”这种风气在某种程度上与不直面苦恼、糊弄了事这一不良行为方式有关。处于弱势立场时，人们常常抱有“糊弄就有好果子吃”的想法。下属、晚辈对于上司、长辈的任性无计可施，因而放弃自己的坚持，一味地服从他人。这一行为方式由来已久，但是如今正在慢慢地发生变化。

社会越是提倡民主、鼓励个人主义，就越是要求人们清楚地表达自己的心情和主张。如果人们不用明确的话语表达自己的想法，就会被当作接受并满足于现状。

如果你想要改变现状、摆脱惰性，想要有所变化，那就需要有很大的决心，采取相应的行动，第一步就是明确地表达自己的想法。如果不明确自己要走的道路，也就不会产生任何真正的效果。

实际上，那些勇于改变现状的人、克服困境的人、事业有成的人，都能明确地表达自己的想法。这世上没有人能够不费吹灰之力就办成大事。在克服困难、完成转变的过程中，首先发生变化的就是“话语”。

直面缺陷的勇气

明确了问题根源后，下一步就是引导当事人说出改变语句。下面介绍几个非常有用的方法。

第一个是刻度问题，这是将心情划分为10个等级，然后进行问答的方法。例如：你想要继续工作的心情有多少？想要辞职的心情有多少？请你用数字1～10来描述这些心情的强烈程度。如果“想要继续工作”的心情达到7或者8，就说明当事人继续上班的愿望很强烈。但是，如果“想要继续工作”的心情是2或者3，则说明当事人去公司的意愿正在消失。

只是，这时我们不能消极地看待数字，而应采用积极的眼光。通过询问当事人“为什么不是0而是2”，也许会引导当事人表达对于工作的积极想法。

实际操作一下就会明白，这个方法可以帮助人们明确自己的心意，客观地进行思考。如果原来是3，现在是4，就意味着发生了积极的变化。如果我们询问“为什么会产生这样的变化”，就能帮助患者察觉到自身的微小变化。

微小变化能够引发剧变。我们可以通过对此做出积极的反应，不断强化当事人改变的意愿。

只是，这个方法是因人而异的。有人会将他人的期待看作负担，听者的积极反应对他们而言是一种压力。我们与这一类人接触时，应努力保持发言的中立性，不要过度褒奖，情绪也不要过度高昂，只需爽快地回一句“是吗”“太好了”就足够了。

当事人回答每个问题时，还可以详细分析一下优点和缺点，将两者进行一番比较，要是将答案写在纸上，就会更有助于理解。

这种方法曾经流行于欧美国家，用于帮助人们做出决定。查尔斯·达尔文一度困惑自己应该结婚还是保持单身。于是，他分别写下了结婚和单身的优缺点，并将两者进行比较。通过对比，达尔文得出结论：虽然婚后会失去单身的自由，各种负担也会加重，但是结婚带来的好处远远多于单身。最后，达尔文选择了结婚。

曾任美国国防部长的罗伯特·麦克纳马拉在做困难决定时也采用过这个方法。他将该表决的优点和缺点全部列出来，并将各项换算成数字，以此帮助自己进行决策。从担任汽车公司经营者之时起，他就一直采用这个方法。

不仅面对优点，也直面缺点，在此基础上做出决定，就不会冲动行事，从而可以做出具有持续性的决定。

此外，询问当事人“你的人生中最重要的是什么”也是一个好方法，或者相反，也可以询问“你觉得一生最不想做的是什么”。

向大家传授一个在当事人抵触情绪比较严重、访谈进展困难情况下的方法，那就是假设问题。例如，面对不去工作的当事人，可以询问：“如果自己决定工作的话，你想做什么呢？”“如果能去工作的话，你觉得是因为自己身上发生了什么改变呢？”

如果当事人已经回去上班，但仍然不能很好地开展工作，这时可以询问：“要是希望顺利地工作的话，你想怎么做？从哪里开始改变呢？”这种方法能够明确地指出困难，从源头出发来考虑解决问题的办法，以此帮助当事人消除内心的抵触情绪，发现自身的缺陷，进而采取行动。

最后，如果访谈进展缓慢，我们就需要立刻加强反馈。最常使用的方法是询问“你为什么会那样想呢？”另外，询问“为了达到目标，你现在能做些什么？”或者“你认为有什么具体的方法吗？”也可以促进双方对话的顺利进行。

动机访谈法虽然是帮助他人做出并强化决定的方法，但是我们在苦恼和迷惘时，也可以借助这一方法帮助自己明确意图、做出决定。首先，试着明确自己内心的苦恼，尽可能用明确的语言写出来。这样一来，自己所纠结的愿望和担忧就一目了然了。在此基础上，试着将自己“想要做某事的心情”和“害怕的心情”分别标以数字，表示级别。然后，写下自己想做的事情的优缺点、害怕的事情的优缺点，比较二者，并考虑如何克服自己害怕的事情。最后，试着写出自己人生中最重要的事情，以及最不希望发生的事情。

在这些过程中，我们就能逐渐弄清楚自己真正的心意。

明确目标才能解决问题

在本章的前半部分，笔者试着从二元矛盾的角度分析了苦恼的解决方法。后半部分，笔者想从如何解决烦恼的另一方面，即问题难以解决的角度出发，分析一下快速解决问题的方法。

在自然科学和数学领域，问题的答案都是客观的。只是，我们看不到它的答案。不过，通过画辅助线、用显微镜等操作，我们可以看到原本不可视的东西。

但是，遇到应用科学甚至人生问题时，答案并非内在的、固定的，我们很难套用上述方法来处理此类问题。不过，我们还是能够解决这些问题。为什么呢？

那是因为我们看到了之前没有看到的东西。例如，画家进行绘画时，整幅画作也许在某一瞬间就全部完成了。为什么说画已经完成了呢？因为画家已经看到了自己想要画的东西。美术大师与二流画家的区别就在于，大师可以将自己想要表现的东西清楚地表达出来。因此，他们一旦心中有了构想，就可以毫不犹豫地用笔画出来。

人生的问题也与此相似。比起具体的解决方法，人们更加困惑的是无法看出怎么样才算是切实地解决了问题。如果目标不明确，只是不断地盲目摸索，只会让自己变得更加困惑。

也就是说，解决问题的最快方法是明确目标。

如何跳出思维定式

面向解决方案的方法由两个原理组成。一个是前面提到的焦点解决模式。这不是从原因和结构来思考问题，而是从“我想要达到什么目标，想要获得什么成果”出发，促进问题的解决。

比尔·盖茨通过编程的结构开发了BASIC和MS-DOS系统。与之相对，史蒂夫·乔布斯从自己“想要某个东西”的欲望出发，开发了苹果电脑和iPad。首先要明确自己的愿望和诉求，然后为了达到这个目标而筹划具体方案。放弃“绝对达不到那么大”的念头，告诉自己“我要做到这么大”。虽然这在某种意义上令技术人员感到抓狂，但就是这样，一个伟大的解决方案诞生了。

许多人的思维受到种种先见和陈规的束缚。人生问题也是一样。即使自己想要这样做，也会认为这样做是不可行的，而在大脑认定“不可能”的瞬间，目标就会真的变得遥不可及。无论如何也办不到，无论如何也不可能，脑袋就这样被现实的制约所束缚。如果一头埋进这些多余的想法中，当然就会看不到答案。解决问题，需要去掉那些多余的想法，明确自己想要得到什么，自己的目标是什么。

还有一个原理是专注于特殊现象。特殊现象是指存在于先入之见以外的现象。也就是说，那里面也许隐藏着我们以前没有注意到的真相和解决方法。但是，许多人只看到总是发生的事情。即使发生了超过预想的事情，他们也会选择无视。

特别是当坏事接连发生时，人们就会变得只看坏事。但是，即使发生过许多坏事，偶尔也会有好事出现。然而，因为好事发生的概率较低，所以人们会立刻忘记，又去关注其他坏事。但是，在偶尔发生的好事中也许就存在解决问题的方法。即使不是现在，只要等到合适的时机，那里就又会出现积极的提示。

以终为始寻找解决方案

下面说明一下解决方法的具体步骤。首先，倾听心声、把握问题所在的方式与之前的访谈法相同。只是，这时我们不会花费太多的时间探究问题原因，也不会深入剖析当事人内心复杂的苦恼。

与之相比，我们更加注重具体描述目标，即当事人想要变成什么样子。其次才是解决问题的途径。我们应该询问当事人：“要是能够解决的话，你想要变成什么样子？那时，你会发生什么样的变化？”

因此，这一方法的所有操作都是为了帮助当事人明确自己的目标，而不是考虑具体的解决方案。

可以说，这种方法相当有效，已经被临床实践所证实。我们需要从“通过思考解决策略来解决问题”转到“要是确定了正确答案，自然就有解决策略”的想法上来。在错综复杂的情况下，这样的想法更加有利。

为了明确目标，我们需要随时反复询问当事人“想要变成什么样子”“想要做什么”。要是目标脱离现实，制订解决方案并施行就会变得困难且不可能完成。也就是说，重要的是不停地询问当事人可以达到的目标是什么。

一个非常方便的方法就是在动机访谈法中提到过的刻度法。

首先，询问当事人：“如果用10个数字来表示级别，你会如何描述现状？”如果回答现状是3，我们就要对此给予肯定的回应。

在此基础上，继续询问：“那么，你认为10（代表全部完成）意味着什么？”还可以询问：“你认为更高一级的4意味着什么样的状态？为了达到4，你应该付出什么样的努力呢？”

通过这样的一问一答，我们将帮助人们明确自己可以达到的目标。

最有效用的提问法

如果当事人的抵触心理较强，一个非常有用的应对方法就是“奇迹问题”。和字面意思一样，奇迹问题就是假设“如果发生奇迹，问题被解决了”这一前提，然后进行提问的方法。

使用方法有两种。一种是询问“如果发生奇迹，问题顺利解决了，你会怎么变化”；另一种是询问“如果发生奇迹，问题被解决了，那么这是因为你的哪里发生了变化”。运用后一种方法时需要掌握一些小技巧。

例如，我们可以这样讲：“你决定要解决问题，所以晚上睡得很香。在你睡着的时候，奇迹发生了，你的问题解决了。但你第二天早上起床后并不知道奇迹已经发生了。那么，你后来是怎么发现奇迹发生的呢？”

另一个重要的方法就是针对例外进行提问。在特殊情况下，问题迎刃而解或是程度大大地减轻，那么我们就可以询问当事人：“为什么那个时候完成得很好？为什么那个时候问题解决了？”这也是非常有效的提问方式。

思考过这些问题后，当事人就会逐渐明确了自己期望的解决方式。如果是不能马上实现的情况，我们可以试着问：“为了实现它，你现在可以做些什么？在此之前，你可以先达成哪一目标？”

如果就解决问题的决心和计划进行交谈，我们要给予对方充分的肯定。不断使计划更加具体化，进一步强化当事人的决心，这是很有效的方法。

向内心寻找答案

自己解决问题时也可以采用焦点解决模式，根据下图中所示的三个步骤来思考会更好。

你想变成什么样子？你想要什么？
现在的你可以达到的目标是什么？
具体方法是什么？

不妨自己试着写一下，这样就会更加清楚自己在多大程度上明确了目标，目标是否模糊不清。要是已经明确了想达到的目标，自己就能发现问题的解决方法。

这些操作也能帮助人们明确自己到底想要什么，期望什么，以及应该向哪方面努力。为了明确这些问题，必须勇于面对自己。不是含混地糊弄过去，而是直面问题，通过明确自己的苦恼和期望得到答案，从而克服苦恼和困难。

结束语

本书从“适应”的角度出发，探讨了人生可能遭遇的种种困难以及相应的解决方法。我认为，这也是在思考人应当怎样活出属于自己的人生。

说到底，“适应”就意味着“活出属于自己的人生”。

因此，无论每天多么忙碌，工作和生活如何紧张，只要可以按照自己理想的方式来生活，我们就能成为闪闪发光的人。无论多么疲倦，我们也不会觉得生活艰辛、苦闷。

每个人都有自己独特的性格。“活出自己的样子”就是在众人共居的环境之中，发挥自己的独特个性。与生俱来的遗传特性、幼年养成的依恋方式、成长环境塑造的人格等因素都与“个性”息息相关。

比起压力大小，人们自身的承受能力对适应问题的影响更为关键。

迄今为止，医疗的基础模式都是先找出疾病或障碍、诊断病情，然后对症下药。但是，这个方法并不适用于适应障碍。适应障碍的起源是人的个性无法与所处的环境顺利融合，如果简单地将其诊断为疾病，然后进行治疗，这就像是在和空气搏斗一般。

我们需要做的不是诊治疾病，而是努力使人的特性与环境很好地融合。因此，有必要锻炼人们的技能，修正偏误的认知视角。然后，不管是在家庭、学校还是在职场中，应当为人们提供可以发挥各自特性的空间或是立足之地。

最重要的是，为了不使他人孤立无援，我们要成为他人的“安全基地”和后盾，给予其充足的安全感和支持，并且帮助他们发挥自己的潜能和个性。

今年春天，我在很多人的帮助下开设了一家小诊所。由于我长期参与发育障碍和人格障碍治疗，积累了许多经验和方法，希望借此契机，能将自己从中获得的所有知识运用到临床实践当中。开院之际，我由衷地希望自己能成为心灵受伤之人的“安全基地”。这就是我最大的心愿了。

现在，每天聆听人们倾诉心声，我学到了很多东西。每一天，我都能重新感受到生而为人的苦恼、奇异以及美好。我想继续帮助那些跌倒或负重前行的人，我相信我可以成为他们背后的力量。

最后，我想借此机会感谢诊所的医护人员，他们在临床和写作上都给予我很大的支持；感谢愿意与我分享人生经历的患者们；感谢一直给予我帮助的幻冬舍编辑四本恭子女士；感谢无论何时都能作为“安全基地”，给予我支持的酒井百合子女士、我的朋友们，以及我的家人。

冈田尊司

二〇一三年四月

参考文献

『人生の意味の心理学　上・下』アルフレッド・アドラー著、岸見一郎訳、二〇一〇、アルテ

『個人心理学講義　生きることの科学』A・アドラー著、岸見一郎訳、一九九六、一光社

『死と愛　実存分析入門』ヴィクトール・E・フランクル著、霜山徳爾訳、一九六一、みすず書房

『夜と霧　ドイツ強制収容所の体験記録』ヴィクトール・E・フランクル著、霜山徳爾訳、一九六一、みすず書房

『フランクル回想録　20世紀を生きて』ヴィクトール・E・フランクル著、山田邦男訳、一九九八、春秋社

『愛着と愛着障害』ビビアン・プライア、ダーニヤ・グレイサー著、加藤和生監訳、二〇〇八、北大路書房

『成人のアタッチメント　理論・研究・臨床』W・スティーヴン・ロールズ、ジェフリー・A・シンプソン編、遠藤利彦他監訳、

二〇〇八、北大路書房

『母子関係の理論　新版　Ⅰ、Ⅱ、Ⅲ』Ｊ・ボウルビィ著、黒田実郎他訳、一九九一、岩崎学術出版社

『シック・マザー　心を病んだ母親とその子どもたち』岡田尊司著、二〇一一、筑摩選書

『愛着障害　子ども時代を引きずる人々』岡田尊司著、二〇一一、光文社新書

『子どもの「心の病」を知る』岡田尊司著、二〇〇五、ＰＨＰ新書

『注意欠陥／多動性障害—ＡＤ／ＨＤ—の診断・治療 ガイドライン』ＡＤ／ＨＤの診断・治療方針に関する研究会　斎藤万比古、渡辺京太編、二〇〇六、じほう

『自閉症とアスペルガー症候群』ウタ・フリス編著、冨田真紀訳、一九九六、東京書籍

『成人期の広汎性発達障害』（専門医のための精神科臨床リュミエール23）青木省三、村上伸治責任編集、二〇一一、中山書店

『アスペルガー症候群』岡田尊司著、二〇〇九、幻冬舎新書

『発達障害と呼ばないで』岡田尊司著、二〇一二、幻冬舎新書

『パーソナリティ障害』岡田尊司著、二〇〇四、ＰＨＰ新書

『境界性。パーソナリティ障害』岡田尊司著、二〇〇九、幻冬舎新書

『包括的ストレスマネジメント』ジュロルド・Ｓ・グリーンバーグ著、服部祥子、山田冨美雄監訳、二〇〇六、医学書院

『ストレス・マネジメント』Ｆ・マクナブ著、祐宗省三監訳、

一九九一、北大路書房

『うつと気分障害』岡田尊司著、二〇一〇、幻冬舎

『評伝　ヘルマン・ヘッセ――危機の巡礼者　上、下』ラルフ・フリードマン著、藤川芳朗訳、二〇〇四、草思社

『脳科学者　ラモン・イ・カハル自伝――悪童から探究者へ』小鹿原健二訳、二〇〇九、里文出版

『あなたの中の異常心理』岡田尊司著、二〇一二、幻冬舎新書

『トム・クルーズ　非公認伝記』アンドリュー・モートン著、小浜杳訳、二〇〇八、青志社

『本田宗一郎　夢を力に』本田宗一郎著、二〇〇一、日経ビジネス人文庫

『稲盛和夫のガキの自叙伝』稲盛和夫著、二〇〇四、日経ビジネス人文庫

『ジェーン・フォンダ　わが半生　上、下』ジェーン・フォンダ著、石川順子訳、二〇〇六、ソニー・マガジンズ

『ピカソ　偽りの伝説　上、下』アリアーナ・Ｓ・ハフィントン著、高橋早苗訳、一九九一、草思社

『サン＝テグジュペリの生涯』ステイシー・シフ著、檜垣嗣子訳、一九九七、新潮社

『正伝　野口英世』北篤著、二〇〇三、毎日新聞社

『夢は、「働きがいのある会社」を創ること。』ポール・オーファラ＆アン・マーシュ著、倉田真木訳、二〇〇六、アスペクト

『新島襄の青春』福本武久著、二〇一二、ちくま文庫

『人を動かす対話術』岡田尊司著、二〇一一、ＰＨＰ研究所

『解決のための面接技法　第三版』ピーター・ディヤング、インスー・キム・バーグ著、桐田弘江、玉真慎子、住谷祐子訳、二〇〇八、金剛出版

『解決へのステップ　アルコール・薬物乱用へのソリューション・フォーカスト・セラピー』インスー・キム・バーグ、ノーマン・H・ロイス著、磯貝希久子監訳、二〇〇三、金剛出版

『インスー・キム・バーグのブリーフコーチング入門』インスー・キム・バーグ、ピーター・ザボ著、長谷川啓三監訳、二〇〇七、創元社

『動機づけ面接法　基礎・実践編』ウイリアム・R・ミラー、ステファン・ロルニック著、松島義博、後藤恵訳、二〇〇七、星和書店

『認知療法・認知行動療法　治療者用マニュアルガイド』大野裕著、二〇一〇、星和書店

『人格障害の認知療法』アーロン・T・ベック、アーサー・フリーマン他著、井上和臣監訳、一九九七、岩崎学術出版社